디리클레가 들려주는 함수 2 이야기

수학자가 들려주는 수학 이야기 35

디리클레가 들려주는 함수 2 이야기

초판 1쇄 발행일 | 2008년 8월 11일
초판 23쇄 발행일 | 2023년 7월 1일

지은이 | 김승태
펴낸이 | 정은영

펴낸곳 | (주)자음과모음
출판등록 | 2001년 11월 28일 제2001-000259호
주소 | 10881 경기도 파주시 회동길 325-20
전화 | 편집부 (02)324-2347, 경영지원부 (02)325-6047
팩스 | 편집부 (02)324-2348, 경영지원부 (02)2648-1311
e-mail | jamoteen@jamobook.com

ISBN 978-89-544-1581-1 (04410)

35 수학자가 들려주는 수학 이야기

디리클레가 들려주는

함수 2 이야기

| 김 승 태 지음 |

(주)자음과모음

추천사

수학자라는 거인의 어깨 위에서
보다 멀리, 보다 넓게 바라보는 수학의 세계!

수학 교과서는 대개 '결과' 로서의 수학을 연역적으로 제시하는 경향이 강하기 때문에 학생들은 수학이 끊임없이 진화해 왔다는 생각을 하기 어렵습니다. 그렇지만 수학의 역사는 하나의 문제가 등장하고 그에 대해 많은 수학자들이 고심하고 이를 해결하는 가운데 새로운 아이디어가 출현해 온 역동적인 과정입니다.

〈수학자가 들려주는 수학 이야기〉는 수학 주제들의 발생 과정을 수학자들의 목소리를 통해 친근하게 이야기 형식으로 들려주기 때문에 학생들이 수학을 '과거 완료형' 이 아닌 '현재 진행형' 으로 인식하는 데 도움이 될 것입니다.

학생들이 수학을 어려워하는 요인 중의 하나는 '추상성' 이 강한 수학적 사고의 특성과 '구체성' 을 선호하는 학생의 사고의 특성 사이의 괴리입니다. 이런 괴리를 줄이기 위해서 수학의 추상성을 희석시키고 수학 개념과 원리의 설명에 구체성을 부여하는 것이 필요한데, 〈수학자가 들려주는 수학 이야기〉는 수학 교과서의 내용을 생동감 있게 재구성함으로써 추상적인 수학을 구체성을 갖는 수학으로 변모시키고 있습니다. 또한 중간중간에 곁들여진 수학자들의 에피소드는 자칫 무료해지기 쉬운 수학 공부에 있어 윤활유 역할을 할 수 있을 것입니다.

〈수학자가 들려주는 수학 이야기〉의 구성을 보면 우선 수학자의 업적을 개략적으로 소개하고, 6~9개의 강의를 통해 수학 내적 세계와 외적 세계, 교실 안과 밖을 넘나들며 수학 개념과 원리들을 소개한 후 마지막으로 강의에서 다룬 내용들을 정리합니다. 이런 책의 흐름을 따라 읽다 보면 각 시리즈가 다루고 있는 주제에 대한 전체적이고 통합적인 이해가 가능하도록 구성되어 있습니다.

〈수학자가 들려주는 수학 이야기〉는 학교 수학 교과 과정과 긴밀하게 맞물려 있으며, 전체 시리즈를 통해 학교 수학의 많은 내용들을 다룹니다. 예를 들어 《라이프니츠가 들려주는 기수법 이야기》는 수가 만들어진 배경, 원시적인 기수법에서 위치적 기수법으로의 발전 과정, 0의 출현, 라이프니츠의 이진법에 이르기까지를 다루고 있는데, 이는 중학교 1학년의 기수법의 내용을 충실히 반영합니다. 따라서 〈수학자가 들려주는 수학 이야기〉를 학교 수학 공부와 병행하면서 읽는다면 교과서 내용의 소화 흡수를 도울 수 있는 효소 역할을 할 수 있을 것입니다.

뉴턴이 'On the shoulders of giants' 라는 표현을 썼던 것처럼, 수학자라는 거인의 어깨 위에서는 보다 멀리, 넓게 바라볼 수 있습니다. 학생들이 〈수학자가 들려주는 수학 이야기〉를 읽으면서 각 수학자들의 어깨 위에서 보다 수월하게 수학의 세계를 내다보는 기회를 갖기를 바랍니다.

홍익대학교 수학교육과 교수 | 《수학 콘서트》 저자 **박 경 미**

책머리에

세상의 진리를 수학으로 꿰뚫어 보는 맛 그 맛을 경험시켜 주는 '함수 2' 이야기

현장에서 학생들을 지도하다 보면 함수를 가장 힘들어 하는 것 같습니다. 가르치는 사람들은 함수를 가장 재미있어 하는 데 배우는 학생들의 입장은 그 반대입니다. 왜 그럴까요? 많이 고민해 보았습니다. 나름대로 내린 결론은 가르치는 방법의 문제가 아닐까 합니다. 학생들에게 있어서 작은 부분일지라도 모르면 크게 느껴지는 것입니다. 수학자들은 함수를 표현함에 있어 그래프를 이용하면 아주 쉬울 거라 생각하지만 수학을 싫어하는 학생들의 입장에서는 또 다른 학습거리가 추가된 것에 불과합니다. 당연히 알고 있는 선생님에게 함수의 그래프는 편리한 도구이지만 학생들에게는 부담스러운 존재입니다.

어떻게 하면 이런 괴리감을 좁힐 수 있을까요? 당연히 배우지 않으면 되겠지만 교과 과정을 없앨 수는 없으니 이왕 배울 거 신나게 배우게 만들어야겠다는 결론을 얻었습니다. 아들이 먹는 약에 초콜릿 향을 첨가하는 어른들의 마음처럼 함수에 초콜릿 향을 첨가해 보기로 하였습니다. 그래서 우리 학생들의 구미에 맞게 함수를 재가공해 보았습니다. 때로는 유치할 수 있을 것입니다. 하지만 그 유치함을 즐기다 보면 분명 함수에 대한 개념이 머릿속에 박힐 것이라 확신합니다.

《디리클레가 들려주는 함수2 이야기》에 담긴 이야기들은 제가 현장에서 가르치면서 경험한 함수에 대한 소스들이므로 일차 검증을 끝낸 내용들입니다. 아무쪼록 여러분들의 입맛에 맞기를 기원합니다.

2008년 8월 김 승 태

차례

1 이 책은 달라요

《디리클레가 들려주는 함수 2 이야기》는 디리클레라는 함수에 뛰어난 공적을 세운 수학자가 학생들에게 학교에서 배우고 있는 함수를 차근차근하게 이야기하는 형식으로 구성되어 있습니다. 많은 수학자들이 학생들에게 좋지 않은 감정의 대상이 되고 있지요. 특히 초등학생과 중학생들에게 말입니다. 그러나 이 책에서는 수학자 디리클레가 학생들에게 함수를 아주 재미나게 설명해 줍니다. 기존의 수학 이야기 책은 학교 수학과는 약간의 괴리감을 주는 내용으로 이야기가 꾸며져 있습니다. 재미있는 수학 따로 학교 수학 따로라는 느낌을 주고 있습니다. 이 책에서 다루는 함수 이야기는 결코 교과 과정을 벗어나지 않습니다. 우리는 학생들에게 재미를 주면서도 학교 수학에 도움이 되도록 하기 위해 심혈을 기울였습니다. 물론 디리클레라는 대수학자가 뒤에서 든든한 버팀목이 되어 주었습니다. 아무쪼록 학교 수업에 좋은 도움이 되었으면 하는 바람입니다.

2 이런 점이 좋아요

1 함수는 기초를 모르면 학년이 올라갈수록 어려움이 커지는 단원 중에 하나입니다. 중학교 1학년에서 처음 등장하여 고등학교를 졸업할 때까지 우리를 괴롭히는 단원이기도 합니다. 그래서 이 책은 디리클레라는 함수에 큰 공적을 세운 수학자가 학생들의 심정으로 돌아가 마치 강의하듯이 함수에 대해 설명해 줍니다.

2 학생들의 언어가 느껴지는 것이 이 책의 최대의 장점입니다. 학생들의 눈높이를 맞추려고 노력하였습니다. 디리클레가 다시 환생한다면 우리의 노고에 웃음과 찬사를 보내 주리라 생각합니다. 디리클레와 함께 함수의 세계에 푹 빠져 보세요. 정말 재미난 수학 시간이 될 것을 약속합니다.

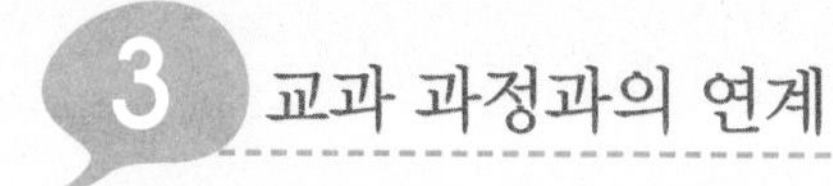

3 교과 과정과의 연계

구분	단계	단원	연계되는 수학적 개념과 내용
고등학교	10-나	함수	• 대응과 함수, 함수에 관련된 용어들 • 두 함수가 서로 같을 조건 • 상수 함수와 항등 함수, 일대일 대응 • 함수와 그래프 • 역함수 • 이차함수의 최대와 최소 • 유리함수와 그 그래프

4 수업 소개

첫 번째 수업_대응과 함수

대응, 정의역, 공역, 함수 관련된 용어를 알아봅니다.

그림을 통해 함수에 대한 정의를 살펴봅니다.

• 선수 학습

- 대응 : 두 집합의 원소를 맺어주는 일.
- 정의역 : 함수에서 집합 X를 이르는 말.
- 공역 : 함수에서 집합 Y를 이르는 말.
- 치역 : 어느 함수에서, 정의역의 각 원소에 대응되는 공역의 함숫값 전체가 이루는 집합.

• 공부 방법

공집합이 아닌 두 집합 X, Y가 있을 때,

–X의 각 원소에 Y의 원소가 하나씩 대응될 때, 이 대응관계 f를 X에서 Y로의 함수라 합니다.

–X를 f의 정의역, Y를 f의 공역이라 하고, 기호 $f: X \rightarrow Y$로 나타냅니다.

–함숫값 전체의 집합 $f(X)$를 치역이라 하며, 치역은 공역의 부분집합이 됩니다.

• 관련 교과 단원 및 내용

고등학교 1학년에서 배우는 함수에 대한 개념을 다룹니다.

두 번째 수업_서로 같은 함수와 그래프

두 함수가 서로 같으려면 어떤 조건을 만족해야 할까요?

함수의 그래프에 대해 알아봅니다.

• 선수 학습

–원점 : 기준이 되는 점, 가로 수직선이나 세로 수직선에서는 0을 나타내는 점.

–순서쌍 : 두 수의 순서를 정하여 짝 지어 나타낸 쌍.

–평행 : 한 평면 위의 두 직선이 서로 만나지 않거나 두 평면이 서로 만나지 않을 때, 기찻길의 철로처럼 나란한 두 직선은 평행합니다.

• 공부 방법

두 함수가 서로 같을 조건

–정의역이 같습니다.

–정의역에 속하는 임의의 원소에 대하여 함숫값이 같습니다.

함수 f: X→Y에 대하여 정의역 X의 원소와 이에 대응하는 함숫값 $f(x)$의 순서쌍 $(x, f(x))$ 전체의 집합 $G=\{(x, f(x)) | x \in X\}$를 함수 $y=f(x)$의 그래프라고 합니다.

• 관련 교과 단원 및 내용

함수의 그래프를 그리는 방법에 대해 공부합니다.

세 번째 수업_함수의 종류

일대일 대응에 대해 알아봅니다.

항등 함수에 대해 알아봅니다.

상수 함수에 대해 알아봅니다.

• 선수 학습

–항등식 : 항상 성립하는 등식. 항등식은 등호 양쪽의 내용이 항상 같습니다.

–좌표 : 점의 위치를 나타내는 수나 수의 짝. 직선 x위에 한 점 O를 원점으로 하고 일정한 길이로 눈금을 매기면 수직선이 됩니다. 이

러한 수직선 위의 임의의 점에 대응하는 수를 그 점의 좌표라고 합니다.

• 공부 방법

–공역과 치역이 같고 X의 각 원소에 대응된 Y의 원소가 다릅니다. 즉, $x_1 \neq x_2$ 이면 $f(x_1) \neq f(x_2)$ 입니다. 이와 같은 두 조건을 만족시키는 함수를 가리켜 X에서 Y로의 일대일 대응이라고 합니다. 특히 X, Y가 유한집합이고 둘 사이에 일대일 대응관계가 성립할 때, 정의역과 공역의 원소 개수는 서로 같습니다.

–항등 함수 : 함수 f:X→Y에서 첫째, 정의역과 공역이 같고, 즉 X=Y이고 둘째, X의 임의의 원소 x에 대하여 그 자신을 대응시키는 함수, 즉, $f(x)=x$일 때 함수 f를 X에서의 항등 함수라 하고 보통 I로 나타냅니다.

–상수 함수 : 함수 f:X→Y에서 X의 모든 원소가 Y의 오직 한 개의 원소에만 대응하는 함수를 상수 함수라고 합니다.

• 관련 교과 단원 및 내용

함수의 종류에 대해 공부합니다.

네 번째 수업_합성 함수

합성 함수에 대해 알아봅니다.

합성 함수의 계산법에 대해서도 배웁니다.

• 선수 학습

- 합성 함수 : 두 함수를 합성해 하나의 함수로 나타낸 것. 두 함수 $y=f(z)$, $z=g(x)$가 있을 때 이것을 합성하여 하나의 함수 $y=f(g(x))$를 만들면 y는 x의 함수가 됩니다. 이것을 두 함수의 합성 함수라고 합니다.
- 교환법칙 : 연산의 순서를 바꾸어도 그 결과는 같다는 법칙.
- 결합법칙 : 여러 개의 수를 더할 때, 그 중 어떤 것을 먼저 묶어서 더하더라도 결과는 똑같다는 법칙.

• 공부 방법

- 두 함수 $f:X\rightarrow Y$, $g:Y\rightarrow Z$에 대해, 집합 X의 임의의 원소 x에 집합 Z의 원소 $g(f(x))$를 대응시킴으로써 X를 정의역, Z를 공역으로 하는 새로운 함수를 정의할 수 있을 때, 이 함수를 합성 함수라 하고, $g\circ f:X\rightarrow Z$와 같이 나타냅니다.
- $g\circ f:X\rightarrow Z$는 $(g\circ f)(x)=g(f(x))$로 계산합니다. 이 함수를 f와 g의 합성함수라 하고, 기호 $g\circ f$ 또는 $y=g(f(x))$로 나타냅니다.

• 관련 교과 단원 및 내용

합성 함수는 고등학교 등장하는 새로운 관계의 함수입니다.

다섯 번째 수업 _역함수

역함수에 대해 공부합니다.

역함수가 되기 위한 조건을 배웁니다.

역함수의 성질에 대해 알아봅니다.

• 선수 학습

–등식의 성질: 등식의 양변에 같은 수를 더하여도 등식은 성립합니다.

–등식의 양변에 같은 수를 빼도 등식은 성립합니다.

–등식의 양변에 같은 수를 곱해도 등식은 성립합니다.

–등식의 양변에 0이 아닌 같은 수로 나누어도 등식은 성립합니다.

• 공부 방법

역함수의 존재 조건은 주어진 함수가 일대일 대응이어야 합니다. 함수 f: X→Y의 역함수가 존재할 때, 역함수의 정의로부터 X의 임의의 원소 x에 대하여 $y=f(x) \Leftrightarrow x=f^{-1}(y)$가 성립합니다. 그런데 일반적으로 정의역의 원소를 x, 치역의 원소를 y로 나타낼 수 있으므로 $x=f^{-1}(y)$에서 x와 y를 서로 바꾸어서 만들어 봅니다.

• 관련 교과 단원 및 내용

고등학교에서 배우는 역함수의 개념에 대해 배웁니다.

여섯 번째 수업_이차함수의 최댓값, 최솟값

이차함수의 최댓값과 최솟값에 대하여 알아봅니다.

이차함수를 완전제곱식 꼴로 만드는 법을 배웁니다.

삼차함수의 그래프에 대해 알아봅니다.

- 선수 학습
  - 이차항 : 문자의 차수가 2인항
  - 이차함수 : 함수 y가 x의 이차식으로 된 함수
  - 완전제곱 : 어떤 수나 식을 제곱한 것.
  - 삼차함수 : x의 함수 y가 x의 삼차식으로 된 함수
- 공부 방법
  - 이차함수 $y=ax^2+bx+c$의 최댓값과 최솟값을 구할 때는 완전제곱 꼴, 즉 $y=a(x-p)^2+q$의 꼴로 고쳐서 생각합니다.
  - 이차함수 $y=ax^2+bx+c=a\left(x+\frac{b}{2a}\right)^2-\frac{b^2-4ac}{4a}$에서 x가 정수로 제한될 때 이차함수의 최댓값과 최솟값을 다음과 같이 구할 수 있습니다. $a>0$이면 x가 $-\frac{b}{2a}$에 가장 가까운 정수일 때 y는 최솟값을 가집니다. $a<0$이면 x가 $-\frac{b}{2a}$에 가장 가까운 정수일 때 y는 최댓값을 가집니다.
  - 삼차함수 $y=ax^3$의 그래프
    - · 원점에 대하여 대칭입니다.
    - · $a>0$일 때, x의 값이 증가하면 y의 값도 증가합니다.

$a<0$일 때, x의 값이 증가하면 y의 값은 감소합니다.

· a의 절댓값이 클수록 y축에 가깝습니다.

• 관련 교과 단원 및 내용

중학교 3학년 때 배우는 이차함수의 최대, 최소를 고등학교 1학년 때 배우는 함수와 연계하여 배웁니다.

일곱 번째 수업_함수와 그래프

절댓값 기호가 있는 함수의 그래프에 대해 알아봅니다.

가우스 기호가 있는 함수의 그래프에 대해 알아봅니다.

• 선수 학습

– 절댓값 : 3이나 -3은 절댓값이 모두 3입니다. 수직선 위에서 절댓값은 원점과 어떤 수를 나타내는 점 사이의 거리를 뜻합니다.

– 대칭이동 : 점이나 도형을 그것과 대칭인 점이나 도형으로 옮기는 것.

– 가우스 : 독일의 수학자 역사상 매우 위대한 수학자 가운데 한 사람입니다.

• 공부 방법

– 가우스 함수의 정의

실수 x에 대하여 x보다 크지 않은 최대의 정수를 $[x]$로 나타냅니다. [ ]를 가우스라고 하고, $[x]$를 가우스 x라고 읽습니다.

따라서 정수 n에 대하여 $n \leq x < n+1$일 때, $[x]$의 값은 $[x]=n$이 됩니다. 이때, 실수 x에 대하여 $[x]$의 값은 단 하나 존재하므로 x에서 $[x]$로의 대응은 함수이고, 이 함수 $f(x)=[x]$를 가우스 함수라고 합니다.

• 관련 교과 단원 및 내용

고등학교 1학년 함수 단원을 배웁니다.

여덟 번째 수업 _유리함수와 그래프

유리함수에 대해 공부합니다.

• 선수 학습

– 점근선 : 곡선에 점점 가까이 가는 직선. 곡선 위에 있는 점이 원점에서 점점 멀어질 때 그 점에서 한 직선에 이르는 거리가 무한히 0에 가까워지면 이 직선은 원래 곡선의 점근선입니다.

– 평행이동 : 한 도형을 일정한 방향으로 일정한 거리만큼 이동하는 변환.

– 반비례 : 역수로 비례하는 관계. x와 y가 반비례하면 x가 늘어날수록 y는 줄어듭니다.

• 공부 방법

−반비례함수 $y=\frac{a}{x}$ $a\neq0$의 그래프

· $x\neq0$이므로 원점을 지나지 않는 한 쌍의 매끄러운 곡선입니다.

· $a>0$일 때 그래프는 제 1사분면과 제 3사분면 위에 있습니다.

x의 값이 증가하면 y의 값은 감소합니다.

· $a<0$일 때 그래프는 제 2사분면과 제 4사분면 위에 있습니다.

x의 값이 증가하면 y의 값도 증가합니다.

· a의 절댓값이 커질수록 그래프가 원점에서 멀리 떨어집니다.

• 관련 교과 단원 및 내용

중학교의 반비례 함수와 고등학교의 유리함수를 연계하여 배웁니다.

디리클레를 소개합니다

Peter Gustav Lejeune Dirichlet (1805~1859)

나는 수학자 가우스의 제자이자

함수 개념을 일반화한 수학자로 유명합니다.

함수 뿐만 아니라

내 이름을 딴 디리클레의 급수,

디리클레 법칙 등의

수학 공식들도 있습니다.

여러분, 나는 디리클레입니다

아, 오랜만이네요. 그동안 뭐하고 지냈나요? 오, 다른 수학자 이야기를 읽었다고요?《디리클레가 들려주는 함수 1 이야기》를 읽은 친구들은 내가 디리클레라는 사실을 이미 알고 있지요? 나의 업적은 함수의 개념을 일반화시킨 것입니다. 하지만 그것은 예전의 업적이고 이제는 함수를 여러분들의 눈높이에 맞추는 데 앞장서겠습니다.

《디리클레가 들려주는 함수 1 이야기》에서 함수의 눈높이화에 같이 힘을 쓴 소림사 꼬마중은 고향의 음식 탕수육과 사천자장이 먹고 싶다고 고향으로 돌아갔습니다. 하지만 대신 꼬마중의 외삼촌, 태극권의 달인이자 기체조의 수련인인 띵호 관장님이 나와 함께 여러분들이 함수를 쉽게 이해할 수 있도록 도와주었습니다. 인사하는 띵호 관장님입니다.

"띠-----잉호---------"

역시 기의 수련인이라 인사의 호흡도 무지 깁니다. 인사를 마친 띵호 씨는 태극권무술을 시범 보이고 있습니다. 그의 동작 하나하나에 낙엽들이 뒹굴고 날아다닙니다. 이때 내가 그가 마당에 틀어 놓은 선풍기를 꺼 버리자 낙엽들은 꼼짝을 하지 않습니다. 띵호 씨의 표정이 낙엽처럼 어두워집니다.

띵호 씨가 태극권을 하게 두고 나는 함수 수업을 들어가기 위한 준비를 합니다. 자, 잠시 후 1교시 시작하겠습니다.

다시 만나서
반가워요~
여기는 소림사 꼬마중 대신
온 띵호 관장입니다.
띵호~

1 교시

대응과 함수

함수에 관련된 용어들을 알고 있나요?

대응, 정의역, 공역 등을 그림을 통해 알아봅시다.

첫 번째 학습 목표

1. 대응, 정의역, 공역, 함수 관련된 용어를 알아봅니다.
2. 그림을 통해 함수에 대한 정의를 살펴봅니다.

미리 알면 좋아요

1. 대응 두 집합의 원소를 맺어주는 일.

2. 정의역 함수에서 집합 X를 이르는 말. 변역이라고도 합니다.

3. 공역 함수에서 집합 Y를 이르는 말. 공변역이라고도 합니다.

4. 치역 함수에서 정의역의 각 원소에 대응되는 공역의 함숫값 전체가 이루는 집합.

함수란 어떤 대상에 다른 대상을 대응시키는 것을 말합니다.

그러면 지금부터 함수의 정의를 대응을 이용하여 설명하겠습니다. 두 집합 X, Y에 대하여 X의 각 원소에 Y의 원소를 짝 지어 주는 것을 X에서 Y로의 대응이라고 합니다.

대응에 대한 그림을 보여 줄 거니까, 봐요.

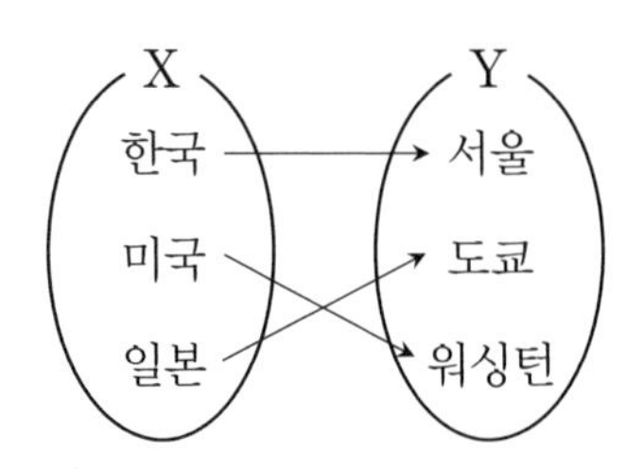

앞의 그림은 각 나라의 이름을 X에 각 나라의 수도 Y를 대응시킨 그림입니다.

이 그림을 띵호 씨가 한참 쳐다봅니다. 한참 만에 띵호 씨가 말합니다.

"이것은 내가 기공체조 할 때 나타나는 폐의 모습과 같습니다."

이 무슨 뚱딴지 같은 소리일까요? 무슨 폐? 띵호 씨는 정의역의 모양과 공역의 모양을 자신의 양쪽 폐라고 말합니다. 자세히 보니까 위 그림이 사람의 폐 모양 같기도 합니다. 하지만 정상적인 사람은 하기 힘든 생각임에 틀림없습니다.

이때 띵호 씨가 기마자세를 취하며 단전에 호흡을 모으고 있습니다. 그의 자세가 하도 진지해서 한 번 쳐다보기로 합니다. 우리가 쳐다보니 그는 서서히 말을 하기 시작합니다. 어디 들어나 봅시다.

이제부터 하는 말은 띵호 씨의 말입니다.

"여러분, 눈을 감고 느끼세요. 서서히 코를 통해 우주의 기를 마시세요. 우리가 마신 기는 코를 통해 기도로 넘어갑니다. 그리고 우리의 왼쪽 폐에 먼저 모입니다. 여러분이 보기에는 왼쪽 폐입니다. 왼쪽 폐에 모인 기를 수학에서는 정의역이라고 부릅니다. 스승님 내 말이 맞지요?"

나는 그렇다고 대답하고 정의역에 대해 수학자로서 설명을 좀 더 하겠습니다.

정의역이란 함수 f: X→Y에서 집합 X를 이르는 말이며, 변역이라고도 합니다. 이때 Y는 공역이라고 합니다.

X의 임의의 원소 x에 대해 Y의 원소 y가 대응할 때, 함수 f를 $y=f(x)$로 나타냅니다. 여기서 x를 독립변수, y를 종속변수라고 합니다. 정의역은 독립변수 x가 취할 수 있는 값의 범위라고도 할 수 있습니다.

"스승님 딴소리하지 마시고 그냥 기를 느끼세요. 정의역의 각 원소의 기운들을 공역의 폐에 있는 기운들에게 하나씩 하나씩 대응시킵니다. 눈을 감고 그 기운을 느끼세요."

정의역의 원소들이 공역의 원소들에게 하나씩 대응되고 있는 동안 나는 공역에 대해 말씀드리겠습니다.

공역이란 함수 f: X→Y에서 집합 Y를 이르는 말. 공변역이라고 합니다.

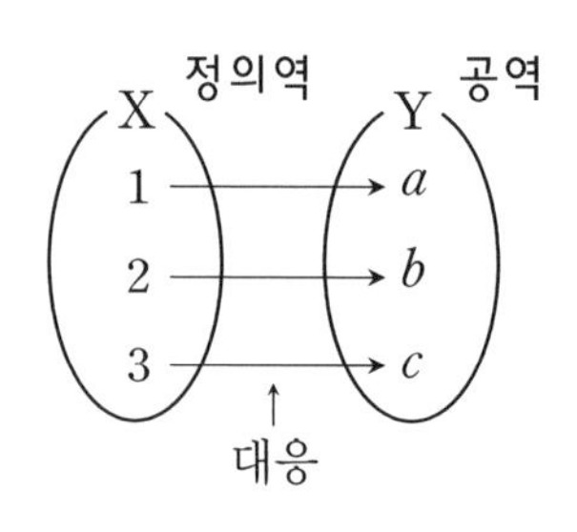

위 대응에서는 하나의 원소에 단 하나의 원소가 대응되지만 실제로 X에서 Y로의 대응은 X의 원소 하나에 두 개 이상의 Y의 원소가 대응되거나 Y의 원소가 하나도 대응되지 않기도 합니다. 즉, 대응된다고 다 함수가 되는 것이 아니란 뜻입니다. 일단 함수가 되는 꼴을 보도록 합니다.

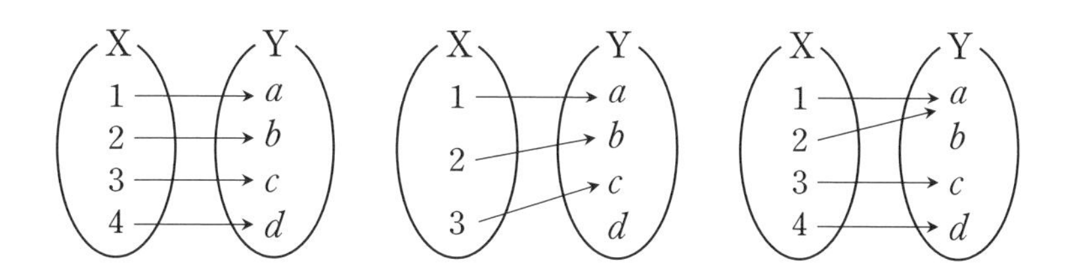

X의 모든 원소에 하나의 Y의 원소가 대응되는 것을 알 수 있습니다. 이와 같이 두 집합 X, Y에서 X의 모든 원소에 Y의 원소가 '정확히 하나씩만' 대응될 때, 이 대응 관계 f를 X에서 Y로의 함수라 하고, 기호로는 다음과 같이 나타냅니다.

$$f: X \to Y$$

띵호 씨는 제일 왼쪽 그림의 기 흐름이 완벽하다고 합니다. 하지만 함수에서는 세 그림 모두 함수를 나타내는 그림입니다.

함수의 정의에서 가장 중요한 내용은 바로 X의 모든 원소에 Y의 원소가 1개씩만 대응된다는 점입니다. 따라서 다음과 같은 대응은 함수가 될 수 없습니다.

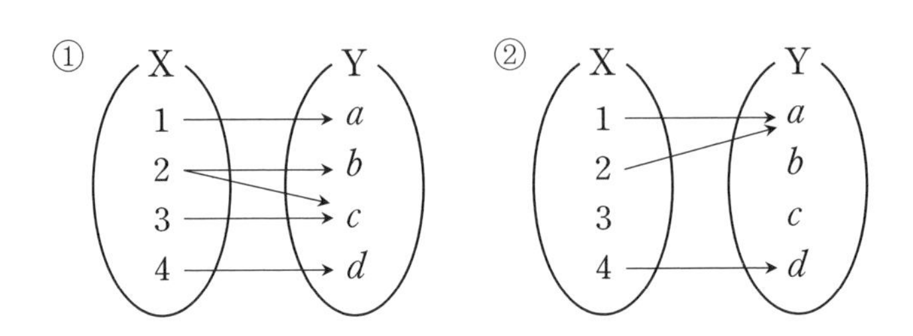

①번 대응은 X의 원소 2에 Y의 원소가 2개 대응되었기 때문에 함수가 아닙니다. ②번 대응 역시 X의 원소 3에 Y의 원소가 하나도 대응되지 않았기 때문에 함수가 아닙니다. 띵호 씨는 함수가 대충 생긴 것 같아도 좀 까다롭다고 말합니다. 그래서 함수의 정의를 정리하겠습니다.

중요 포인트

함수의 정의

공집합이 아닌 두 집합 X, Y가 있을 때

① X의 각 원소에 Y의 원소가 하나씩 대응될 때, 이 대응관계 f를 X에서 Y로의 함수라 합니다.

② X를 f의 정의역, Y를 f의 공역이라 하고, 기호 f:X→Y로 나타냅니다.

③ 함숫값 전체의 집합 f(X)를 치역이라 하며, 치역은 공역의 부분집합이 됩니다.

아참, 함숫값과 치역에 대한 설명이 없었지요? 설명하겠습니다.

함숫값과 치역이란 함수 f:X→Y, $y=f(x)$ 또는 함수 f:X→Y,

$x \to y$에서 정의역 X와 공역 Y가 분명할 경우는 f: X → Y를 생략하고 $y=f(x)$ 또는 $f: x \to y$ 등으로 나타냅니다.

여기서 $f(x)$를 함수 f에 의한 x의 상 또는 함숫값이라 합니다. 함숫값 전체의 집합 $\{f(x) \mid x \in X\}$를 함수 f의 치역이라고 합니다.

이때 치역 $f(X)$는 공역 Y의 부분집합이 됩니다.

띵호 씨가 세 명의 수련생들을 데리고 기호흡을 하고 있네요. 그들의 허파를 그림으로 보여주고 있습니다. 이 중에서 함수가 어느 것인지 찾아보고 정의역, 공역, 치역을 말해 보세요. 물론 대답을 할 때 반드시 복식호흡으로 말해야 합니다.

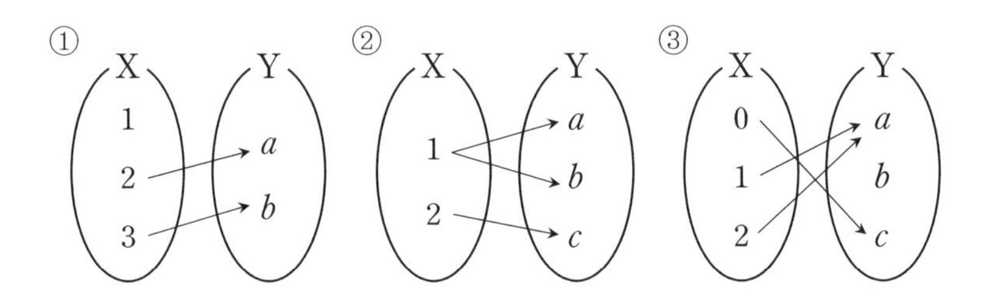

①번 그림을 보면 X의 원소 1에 대응하는 Y의 원소가 없으므로 함수가 아닙니다. 띵호 씨는 눈을 감고 호흡을 하고 있습니다. 눈을 뜨며 ①에서는 기운이 느껴지지 않는다고 말합니다. 정말 기를 느끼는 것인지 아니면 그림을 살짝 보고 하는지 확인할 방법

이 없습니다. 그래서 내가 ②번 그림을 단전호흡으로 설명해 보라고 했습니다. 눈을 감는 띵호 씨 온갖 폼을 잡으며 다시 기를 모으고 있습니다. 흡–! 눈을 뜨는 띵호 씨, 입을 서서히 뗍니다.

"정의역의 원소 1의 기운이 너무 세, 1의 기운이 양쪽으로 뻗히고 있어. 그래서 아니야."

음, 조금 놀랍네요. 띵호 씨의 말씀이 맞습니다. X의 원소 1에 Y의 원소 a와 b, 두 개가 대응하므로 함수가 아닙니다.

X의 한 원소에 Y의 원소가 두 개 이상 대응되면 함수는 아닙니다. 그냥 대응이라고 불러 주세요. 그럼 띵호 씨가 ③번을 기호흡으로 다시 맞혀 보겠습니다. 띵호 씨 보여 주세요.

"후––––우––––아"

눈을 뜨는 띵호 씨 말합니다.

"배가 고프다."

뭐에요. 갑자기 배가 고프다니 잔뜩 기대하는 사람을 김 빠지게 하는군요. 띵호 씨 배가 고파서 머리가 안 돌아간다고 합니다. 뭔가 이상하지요. 그래서 내가 직접 ③번을 설명하겠습니다.

X의 각 원소에 Y의 원소가 한 개씩 대응하므로 함수가 맞습니다. 그래서 정의역도 알아보겠습니다. 정의역의 원소는 X라고 쓰여 있는 주머니 속에 적힌 숫자나 문자를 말합니다. 여기서는 숫자가 적혀 있지요. 그것들을 써주면 됩니다. 0, 1, 2입니다. 근데 정의역에는 그냥 수들을 쓰면 안 됩니다. 정의역은 집합을 나타내므로 반드시 원소들을 중괄호 일명 포데기 기호, { } 안에 써야 합니다. 그래서 다시 정의역 {0, 1, 2}로 나타내야 완벽합니다.

이제 공역을 알아봅시다. 공역은 Y의 원소들입니다. Y그림 안에 적혀 있는 수나 문자들인데 여기서는 문자가 적혀 있네요. a, b, c입니다. 하지만 이 문자들도 { } 안에 써 넣어야 합니다. $\{a, b, c\}$라고 나타내면 좋습니다.

자, 이제 고난이도 치역입니다. 치역이란 정의역의 원소들에 대응된 즉, 화살표가 꽂힌 원소들의 모임이지요. ③번 그림에서는 누가 화살표에 꽂힌 원소일까요? 그렇지요. a와 c가 꽂혀 에이씨 (a, c)하고 있지요. 그 둘이 여기서는 치역입니다. 치역도 집합이므로 $\{a, c\}$로 나타내야 합니다.

이때 띵호 씨가 흰 손수건을 가슴에 달고 나타납니다. 내가 그게 뭐냐고 초등생도 아니고라고 말하자 그는 초등학교 때 다음 그림에서 서로 관계있는 것끼리 줄을 잇는 문제가 바로 대응이 아니냐고 물어 옵니다. 네, 그것도 대응이지요. 근데 그것을 물어보기 위해 가슴에 굳이 흰 손수건을 하고 와야 합니까? 나는 띵호 씨의 정신세계가 도대체 좌표상으로 얼마인지 궁금합니다. 아마도 $(0, 0)$이 아닐까요?

이왕 이렇게 대응에 대한 이야기를 다시 한다면 대응, 관계, 함수에 대해 좀 더 정확히 구분을 지어야 하겠습니다.

두 집합 A, B의 원소를 서로 짝 지어 주는 일을 대응이라 한다면 A의 각 원소에 짝을 지워줄 수 있는 B의 원소가 정해져 있다는 것이고 짝을 지어서 맺는 양쪽의 원소를 서로 대응하는 원소라고 합니다. 관계를 설명하기 위해서는 예를 들어 보겠습니다. D라는 교실에 좌석이 5열 6행으로 정해져 있다고 합니다.

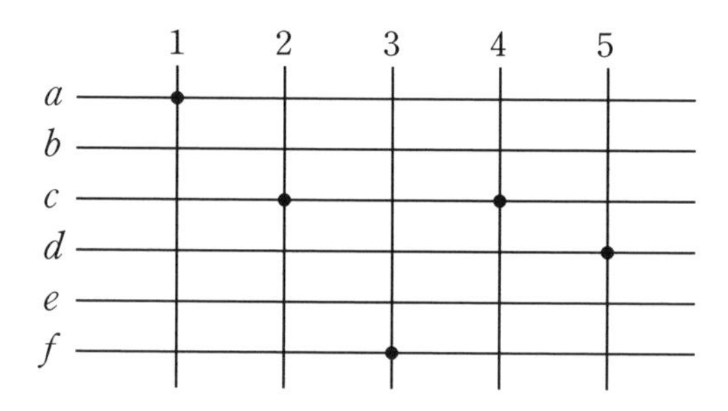

열의 집합을 X, 행의 집합을 Y라 하고 그림과 같이 X={1, 2, 3, 4, 5}, Y={a, b, c, d, e, f}일 때 지금 각 열에서 부장을 한 명씩 선출하려고 합니다. 1열부터 차례로 a, c, f, c, d로 정하였습니다. 열의 집합과 부장들의 집합을 각각 A, B라 하면 A={1, 2, 3, 4, 5}, B={a, c, f, d}입니다. 여기서 A=X, B⊂Y임을 알 수 있습니다. A의 각 원소를 제 1요소, 대응하는

B의 원소를 제 2요소로 하는 집합 C를 만들면 다음과 같습니다.

$$C=\{(1, a), (2, c), (3, f), (4, c), (5, d)\}$$

이와 같은 집합이 각 원소의 제 1요소에 대하여 제 2요소가 대응되는 집합을 관계 또는 법칙이라고 합니다.

중요 포인트

함수

함수란 관계 중에서 특별한 경우를 말하는데 두 개의 변수 $x \in X$, $y \in Y$에 대하여

① X의 각 원소에는 반드시 Y의 원소가 대응되고

② X의 각 원소에는 Y의 단 하나의 원소가 대응되고

이러한 관계 f가 있을 때, y는 x의 함수라 하고 이때 X를 정의역 Y를 공역, $f(x)$를 치역이라고 합니다.

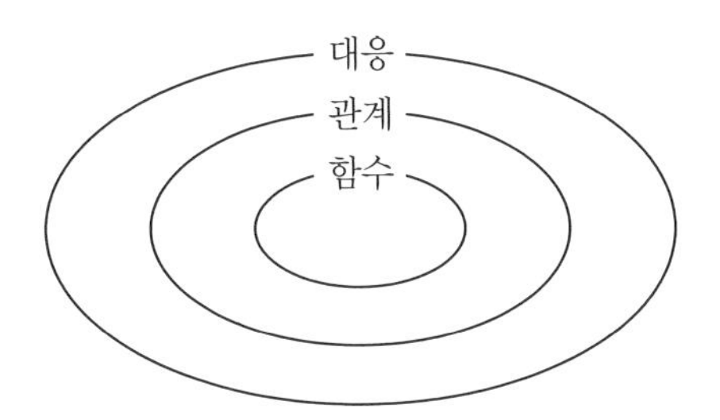

띵호 씨 함수에 대한 정의역, 공역, 치역에 대한 이야기를 좀 이해할 것 같다면서 자신의 기공체조를 통해, 즉 폐의 움직임으로 좀 더 쉽게 설명해 주겠다고 합니다. 그의 정신세계는 이해할 수 없지만 우리 학생들에게 좀 더 쉬운 그림으로 설명해 주겠다는데 수학자로서 거부할 수 없습니다. 설령 엉터리 설명이 될지라도 말이죠. 하지만 기대해 봅시다.

띵호 씨 기마자세를 취합니다. 우주의 기를 빨아들이는 손동작을 취합니다.

"왼쪽 폐는 정의역을 나타냅니다. 정의역의 기를 공역의 특정 부위에 쏟아 붓습니다. 정의역의 기가 공역에서 집중된 부분을 치역이라고 하지요. 정의역의 기를 집중 받은 부분이 치익하고 소리를 내며 탈 정도입니다. 자, 마음의 눈으로 나의 폐를 보세요. 그리고 기의 흐름도 보시고요."

띵호 씨의 몸속에서 일어난 반응이 다음 그림이 됩니다.

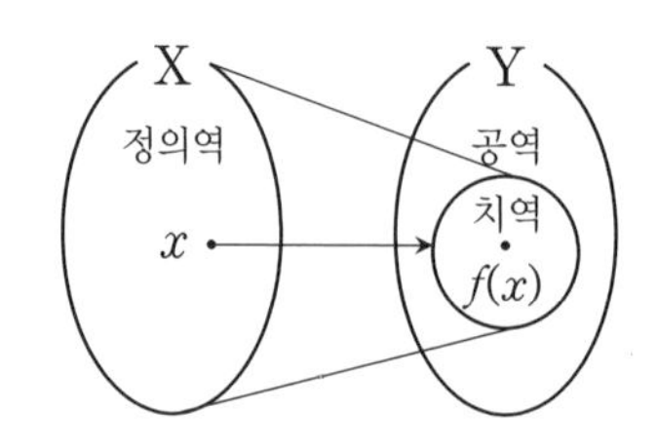

나도 위의 그림을 보고 깜짝 놀랐습니다. 그의 몸속에서 일어난 변화가 함수의 정의역과 공역, 치역에 대한 설명이 맞습니다. 과연 기라는 것은 존재하는 것일까요? 신기하기만 합니다. 하지만 수학하는 사람으로 아직은 100% 믿지 못하겠습니다. 띵호 씨는 좀 더 관찰하며 같이 지켜 보도록 합시다.

함수의 정의에 대해 잘 이해하고 있는지 띵호 씨를 통해 풀이를 부탁드려 볼까요?

다음 그림과 같은 함수 $f:X \rightarrow Y$에 대하여 다음을 구해 보세요.

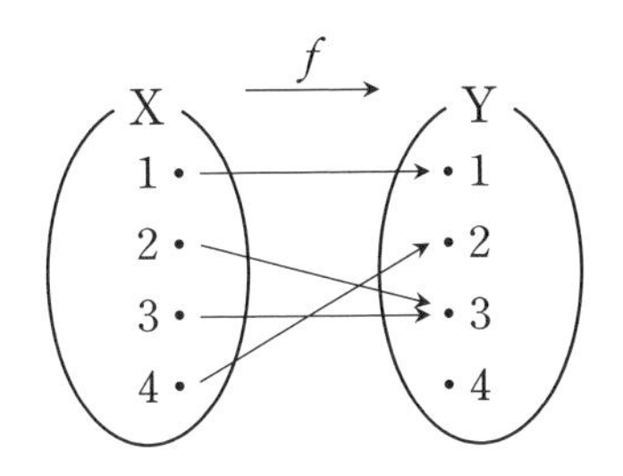

① $f(1)$

② $f(x)=2$인 X의 원소 x

③ 정의역

④ 치역

우선, ①번부터 풀이하겠습니다. 띵호 씨의 기공체조를 이용하여 설명해 주겠습니다. $f(1)$의 ( ) 괄호 안을 뚫어져라 보세요. 1이 보이지요. 그 1은 정의역의 원소 1을 말합니다. 왼쪽 허파에 들어 있는 1인 것입니다. 그 1이 f라는 기운을 타고 오른쪽 폐로 이동하여 어디에 꽂힙니까? 그렇습니다. 오른쪽 폐의 1에 꽂혔지요. 그래서 $f(1)=1$이 되는 것입니다. 눈으로 그림만 봐도 알 수 있습니다.

②번을 풀이합니다. 주어진 조건이 $f(x)=2$라고 했지요. $f(x)$는 오른쪽 폐를 나타내는 기호라고 보면 됩니다. 그래서 오른쪽 폐의 원소 중 2가 어디 있나요? 위에서 두 번째에 2가 있지요. 왼쪽 말고 오른쪽에서 찾으세요. X의 원소 x를 찾으라고 했는데, 2를 화살로 찌른 녀석을 찾으라는 뜻입니다. 그래서 오른쪽의 2에서 찌른 녀석을 선을 따라 가보면 왼쪽의 4라는 놈이라는 것을 알 수가 있지요. 그래서 우리가 구하고자 하는 x는 4입니다. $f(4)=2$라고 나타낼 수 있습니다.

③번은 정의역을 찾는 문제입니다. 별거 없습니다, 앞에서 다 배웠지요? 배웠으면 써먹어야 제 맛입니다. 정의역이란 X의 값

들의 원소라고 보시면 되고요. 말이 어렵다고 생각하면 왼쪽 폐에 있는 수들의 모임이라고 혼자 생각해도 됩니다. 쓸 때에만 {1, 2, 3, 4}라고 쓰면 아무도 딴지 걸 수 없습니다.

④치역을 알아보겠습니다. 앞에서도 이야기 했지만 화살표가 꽂힌 부분이 바로 치역이라고 보면 됩니다. 앞의 그림에서는 세 군데가 꽂혔습니다. 아프겠지만 그들을 찾아봅시다. 1과 2, 3입니다. 그들을 치료하기 위해 치역으로 묶어 봅시다. {1, 2, 3} 띵호 씨는 그들을 치료하기 위해 병원으로 달려갑니다.

잠시 후 치역들의 원소가 위급한 상황을 넘기고 목숨을 건졌다는 소식을 띵호 씨로부터 듣고 이번 수업을 마칩니다.

수업 정리

❶ 함수의 정의

공집합이 아닌 두 집합 X, Y가 있을 때

- X의 각 원소에 Y의 원소가 하나씩 대응될 때, 이 대응관계 f를 X에서 Y로의 함수라 합니다.
- X를 f의 정의역, Y를 f의 공역이라 하고, 기호 f:X →Y로 나타냅니다.
- 함숫값 전체의 집합 f(X)를 치역이라 하며, 치역은 공역의 부분집합이 됩니다.

❷ 함수

함수란 관계 중에서 특별한 경우를 말하는데 두 개의 변수 x∈X, y∈Y에 대하여

- X의 각 원소에는 반드시 Y의 원소가 대응되고
- X의 각 원소에는 Y의 단 하나의 원소가 대응되고 이러한 관계 f가 있을 때 y는 x의 함수라 하고 이때 X를 정의역 Y를 공변역, $f(x)$를 치역이라고 합니다.

서로 같은 함수와 그래프

평행의 정의에 대해 알고 있나요?
두 함수가 서로 같으려면 어떤 조건을 만족해야 할지
함수의 그래프를 통해 알아봅시다.

1. 두 함수가 서로 같으려면 어떤 조건을 만족해야 할까요?
2. 함수의 그래프에 대해 알아봅니다.

미리 알면 좋아요

1. 원점 기준이 되는 점, 가로 수직선이나 세로 수직선에서는 0을 나타내는 점이 원점입니다.

2. 순서쌍 두 수의 순서를 정하여 짝 지어 나타낸 쌍.

3. 평행 한 평면 위의 두 직선이 서로 만나지 않거나 두 평면이 서로 만나지 않을 때 기찻길의 철로처럼 나란한 두 직선은 서로 평행합니다.

오늘은 서로 같은 함수와 함수의 그래프에 대해서 알아보도록 하겠습니다. 띵호 씨, 준비되었나요?

"띵호!"

언제나 씩씩하게 대답하는 띵호 씨입니다. 하지만 언제나 가끔 나의 머리를 띵하게 만드는 분이니까 조심해야겠습니다.

두 함수가 서로 같으려면 정의역과 공역이 같고 함숫값이 같아야 합니다. 앞에서 정의역과 공역, 함숫값에 대해서는 배워서 알고 있지요? 기억이 가물가물한 가물치를 드신 분은 앞쪽으로 넘겨서 확인해 보고 다시 오세요. 그래야 이번 수업의 참맛을 느낄 수 있으니까요. 수학은 알아야 참맛을 즐길 수 있습니다. 어서 다녀오세요. 진도를 나가지 않고 여기서 기다릴테니까요. 그 친구가 갔나요? 바로 진도 나갑니다.

일단 두 함수가 같을 조건을 수식을 사용하여 나타낼게요. 이해가 안 가는 사람은 그냥 보세요. 저런 게 있구나 정도만 알아도 됩니다.

두 함수가 같을 조건입니다.

f:X→Y, g:U→V에서 ① X=U ② 모든 $x \in$X에 대하여 $f(x)=g(x)$ 이면 $f=g$

이 수식과 기호들은 정의역이 같을 때 함숫값이 같다는 것을 나타냈습니다. 그렇게 생각하고 다시 보면 이해에 도움이 됩니다.

이번 수업은 좀 어렵게 출발하는 느낌이 들지요? 문제를 풀어 보면서 다시 한 번 알아봅시다. 그러다 안 되면 포기하면 되고요. 노력하다가 안 되면 어쩔 수 없는 것 아닌가요?

집합 $X=\{-1,\ 0,\ 1\}$을 정의역으로 하는 두 함수 f와 g가 서로 같은 것끼리 짝 지어진 것을 고르세요. 보기는 두 개입니다. 확률은 50대 50이지요. 보기를 보기도 전에 몇 번 찍을래요? 어차피 봐도 모르는 것, 자신의 운을 믿어보세요. 몇 번? 그래요, 조금 있다가 확인해 보겠습니다.

① $f(x)=x,\ g(x)=x^3$ ② $f(x)=x-1,\ g(x)=x+1$

자, 이제 우리들끼리 하는 힌트를 줄 테니까 직접 도전해 보세요. 별거 없습니다. 정의역의 원소들, -1, 0, 1을 우변의 식에 대입하여 나온 결과를 비교하여 같으면 두 함수는 같은 것입니다. 하나씩 넣어서 계산해 보세요. 정말 쉽습니다. 기다리기에는 너무 쉬워요. 내가 직접 해 보겠습니다.

$f(x)=x$ 이것은 -1, 0, 1을 차례로 넣어도 그대로 나온다는 뜻입니다. 즉, $f(x)$의 x나 나온 결과의 x가 같다는 말이 되니까요. 그래서 함숫값도 -1, 0, 1이 되었습니다.

이제 $g(x)$를 살펴보겠습니다. $g(x)=x^3$은 x의 원소를 x^3으로 만들라는 뜻입니다. 그게 하늘의 뜻이라면 그렇게 해야지요. -1을 $(-1)^3$으로 만들어 계산하면 $(-1)\times(-1)\times(-1)$로 됩니다. 계산한 결과는 -1로 대입한 수와 같아집니다. 출발이 좋습니다. 이제 0을 가지고 출발합니다. 0은 $0^3=0\times0\times0$입니다. 그래서 영은 영입니다. 0은 백번을 곱해도 0이니까요. 영 못 쓰겠네요.

지금까지는 결과가 다 같습니다. 마지막 1을 가지고 확인해 보겠습니다. 1은 1^3이 되므로 1^3을 계산해 보면 $1\times1\times1=1$입니다. 이상으로 위의 두 함수는 정의역과 함숫값이 같으므로 같은 함수입니다. 그래서 ①은 유전자감식 결과 같은 함수로 판명되었습니다.

서로 부둥켜안고 울고 있습니다. 쌍둥이로 태어나 부모를 여의고 헤어져서 지금 만난 그들이 뜨거운 눈물을 흘리고 있습니다. 옆에 있는 나에게 뜨거운 눈물이 튀어 피부를 데이기 전에 다음 함수들이 같은지 비교해 보겠습니다.

② $f(x)=x-1$, $g(x)=x+1$에서 -1로 먼저 출발해 보겠습니다. 이번에는 동시에 비교해 보겠습니다.

$f(-1)=(-1)-1=-2$, $g(-1)=(-1)+1=0$이므로 나온 함숫값이 다르지요. 그래서 $f(-1)\neq g(-1)$. 하나만 다르면 끝이지만 다른 것도 다 알아보겠습니다.

정의역의 원소 0을 대입합니다.

$f(0)=0-1=-1$, $g(0)=0+1=1$이므로 $f(0)\neq g(0)$, 여기서 잠시 $g(0)$을 소리 나는 대로 읽으면 사람 이름이 됩니다. $g(0)$은 지영입니다. 친구 누나 이름도 지영이라고요? 지영이라는 이름은 흔합니다.

다음은 1을 대입해 보겠습니다.

$f(1)=1-1=0$, $g(1)=1+1=2$이므로 $f(1)\neq g(1)$로써 완전히 다른 함수입니다. 따라서 ②의 경우는 $f\neq g$입니다.

문제를 하나 풀어보니 개념이 좀 더 확실해지는 것 같지요? 아니라고요? 그런 사람들을 위해 다시 한 번 개념을 정리해 주고 다음 코너로 넘어갑시다.

중요 포인트

두 함수가 서로 같을 조건

① 정의역이 같습니다.

② 정의역에 속하는 임의의 원소에 대하여 함숫값이 같습니다.

꼭 기억해두세요. 미래를 위해서요.

이제 우리는 띵호 씨와 힘을 합하여 함수의 그래프에 대해 이야기하려고 합니다. 띵호 씨 준비됐나요?

"띵~호!"

함수의 그래프 시작!

내가 가지고 있는 CD의 개수와 띵호 씨가 가지고 있는 CD의 개수의 합이 5일 때, x와 y의 관계는 $y=-x+5$인 일차함수입니다. 앗, 여기서 잘 이해가 안 됩니까? 음, 학교 교과서에 있는 내용인데, 쩝, 자세히 설명해 드리죠. 내가 가지고 있는 CD의 수는 x, 띵호 씨가 가지고 있는 CD는 y라고 두고 둘을 더해서 5라고 했으니 $x+y=5$라고 둘 수 있습니다. 이 식을 좌변에 y만 있는 식으로 정리하면 $y=5-x$가 되고 5라는 수는 넘버 투이므로 뒤로 보냅니다. 뒤로 보낼 수 있는 수학적 이유는? 바로 교환법칙입니다. 자리를 바꿔도 된다는 법칙이 있으니까 그렇게 해도 되는 겁니다. 그래서 나타난 모습은 $y=-x+5$입니다. 눈부십니까? 알고 보면 별거 아닙니다.

이제 이 친구랑 관계를 맺을 정의역을 소개합니다. 정의역을 보여줄게요.

정의역은 {0, 1, 2, 3, 4, 5}입니다. 아래의 표를 만들어 보겠습니다.

x	0	1	2	3	4	5
y	5	4	3	2	1	0

하하, 여러분 얼었지요? 수학에서 표만 나오면 어는 학생들이 있습니다. 자신감을 가지세요. 아래와 위를 더해서 5가 되는 관계이니까요. 더하기 못하는 친구들은 없겠지요? 이 표를 이용하여 순서쌍을 적어 보겠습니다. 순서쌍이라는 말에 또 7명의 친구가 어는군요. 잠시 녹을 때까지 기다리며 순서쌍에 대해 설명하겠습니다.

순서쌍이란 좌표평면에 어떤 점을 나타내기 위해 나타낸 기호입니다. 그런 순서쌍은 (x좌표의 값, y좌표의 값)으로 표현합니다. 말 그대로 순서쌍에서 x와 y의 순서를 뒤바꾸어 틀리는 경우가 간혹 있습니다. 형님 먼저, 아우 먼저가 아니라 순서쌍에서는

x먼저 y나중입니다. 이제 그 언 학생이 다 녹았네요. 그럼 위 표를 보고 순서쌍들을 나타내 봅시다.

(0, 5), (1, 4), (2, 3), (3, 2), (4, 1), (5, 0)

그럼 이 순서쌍들을 좌표평면에 콕콕 찍어 검은 점으로 나타내겠습니다.

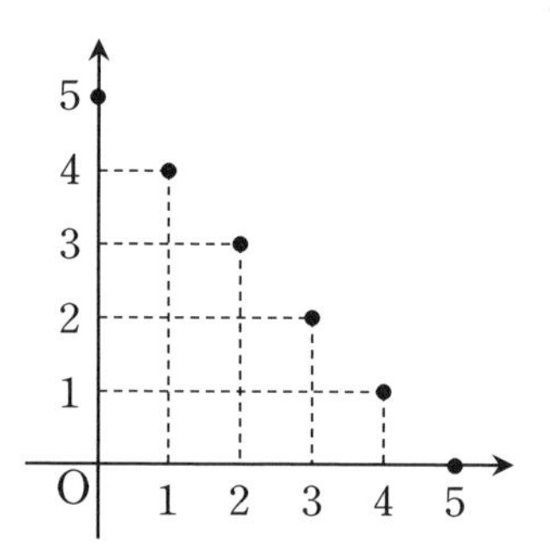

좌표평면 위에 어떠한 규칙에 의해 모든 점들이 그려졌다면 그래프라고 보면 되고 거기서 함수라는 규칙에 의해 그려졌다면 우리는 그것을 함수의 그래프라고 부를 수 있습니다.

좀 더 고상하게 표현해 보겠습니다. 물론 이런 고상한 표현을 하면 우리 학생들과는 갈등이 생긴다는 것을 나도 알고 있습니다. 하지만 수학자로서 말을 안 할 수 없는 나의 입장도 생각해 주기 바라며 써 봅니다.

함수 $f: \mathrm{X} \to \mathrm{Y}$에 대하여 정의역 X의 원소와 이에 대응하는 함숫값 $f(x)$의 순서쌍 $(x, f(x))$ 전체의 집합 $\mathrm{G}=\{(x, f(x)) \mid x \in \mathrm{X}\}$를 함수 $y=f(x)$의 그래프라고 합니다.

특히 함수 f의 정의역과 공역이 모든 수의 집합일 때는 순서쌍 $(x, f(x))$를 좌표평면 위의 점으로 보고, 모든 순서쌍 $(x, f(x))$를 좌표평면 위에 나타낸 것을 함수의 그래프라고 부르기도 합니다. 앞에서 말한 내용을 좀 더 쉽게 말한 것입니다. 어떤 말이 쉬운지는 여러분들이 판단하여 이해되는 쪽을 선택하세요.

띵호 씨는 중국 사람이라서 수묵화를 좀 그릴 수 있다고 합니다. 그래서 함수의 그래프에 대한 그림을 여백의 미를 살려 그려 보입니다.

여러분이 보기엔 다음의 그림이 그냥 그림으로 보이겠지만, 띵호 씨는 이 그림을 그리기 위해 먹을 3시간 47분 동안 갈았습니다, 얼굴에 묻은 먹들을 좀 보세요. 이제 얼굴에 묻은 먹을 보지 말고 함수의 그래프에 대한 그림을 자세히 보고 이해하세요.

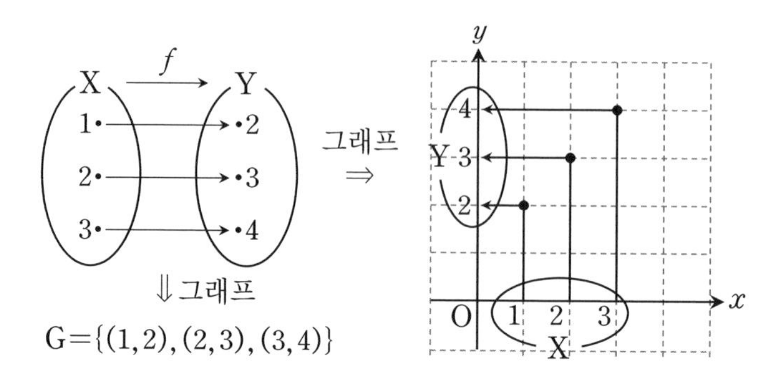

정말이죠. 이해됐습니까? 그럼 다음 문제에 도전해 봅시다. 초등학생이 함수의 그래프가 정말 싫다고 느끼게 한 그 문제입니다

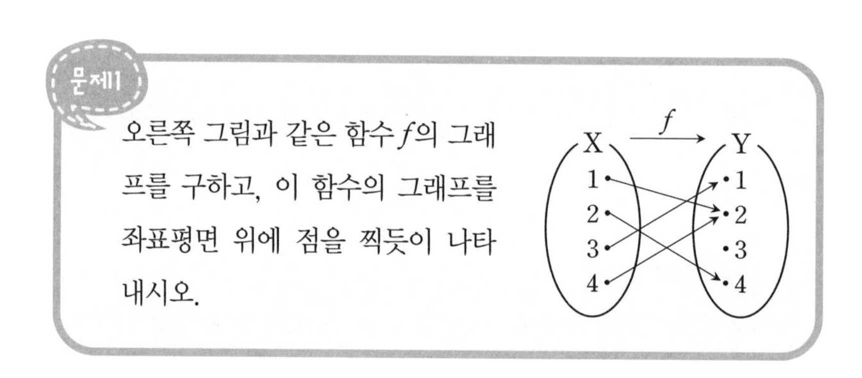

오른쪽 그림과 같은 함수 f의 그래프를 구하고, 이 함수의 그래프를 좌표평면 위에 점을 찍듯이 나타내시오.

이때, 띵호 씨가 학생들을 괴롭혔던 문제를 가만둘 수 없다며 자신의 태극권과 기공 수련으로 답을 알아내서 혼내주겠다고 합니다. 우리 띵호 씨를 믿어 봅시다.

정신을 집중하는 띵호 씨, 자신의 오른쪽 폐에 힘을 줍니다. 정의역에 해당됩니다. 띵호 씨의 오른쪽 폐 부위가 1, 2, 3, 4 순서대로 불뚝 불뚝 튀어 오르듯이 움직입니다. 띵호 씨의 정의역의 원소 1, 2, 3, 4에 기를 넣었습니다. 1원소에 힘을 주어 공역의 원소 2에 대응시킵니다. 잘했습니다. 대응시킨 것을 순서쌍으로 나타내면 (1, 2)입니다. 1, 2를 괄호( )라는 기에 감싸서 옆에 잘 놓아둡니다. 그리고 다시 2에 기를 실어 공역의 4에 대응시킵니다. 다시 괄호의 기에 감싼 (2, 4)를 옆에다가 두고 정의역의 원소 3에 기를 실어 공역의 원소 1에 기를 꽂아버립니다. 기로 감싸 (3, 1)로 만듭니다. 이제 마지막입니다. 식은땀을 비 오듯이 흘리는 띵호, 아, 아닙니다. 잘못 봤습니다. 땀이 아니라 얼굴에 흐르는 개기름이었습니다. 육식을 너무 좋아하는 띵호 씨입니다. 여하튼 4에 기를 모아 공역의 2에 대응시킵니다.

(4, 2)가 괄호에 싸여 있습니다. 띵호 씨가 만든 순서쌍들을 내가 정성을 들여 모아 봅시다

(1, 2), (2, 4), (3, 1), (4, 2)가 됩니다. 이 함수의 그래프를 G라 하면 다음과 같습니다.

$$G=\{(1, 2), (2, 4), (3, 1), (4, 2)\}$$

이제 이것을 띵호 씨가 좌표평면 위에 나타내겠다고 합니다. 그래서 나는 옆에서 먹을 갈며 준비합니다. 그리고 옆에서 띵호 씨의 작품에 수학적 오류는 없는지 도와주도록 하겠습니다. 마치 먹은 까맣게 잘 갈렸습니다. 띵호 씨 좌표평면의 x축과 y축도 자신이 직접 그리겠다고 합니다. x축은 가로입니다. 가로로 쭈욱 왼쪽에서 오른쪽으로 힘차게 그려냅니다. 그렇습니다. x축은 수직선과 마찬가지로 오른쪽으로 갈수록 수가 커집니다. 그리고 이번에서 위에서 아래로 내려 긋는 힘찬 필치로 y축을 그립니다.

x축과 y축이 만나는 점을 원점이라고 하며 O를 그려 넣습니다. 그리고 아직 붓에 남아 있는 먹을 이용하여 가로축, 즉 x축의 수 1, 2, 3, 4까지만 씁니다. 그까짓 x축의 표현은 다 할 수 있다고 띵호 씨는 생각을 한 것입니다. 내 생각도 그렇습니다. 정의역의 원소가 1, 2, 3, 4까지 밖에 없으니까요.

그리고 붓에서 먹이 다 떨어졌는지 띵호 씨는 먹을 한 번 더 묻

혀서 y축, 세로축의 수를 밑에서부터 차례로 위를 향해 써 올라갑니다. 1, 2, 3에는 3까지만 쓰고 멈추고 날 쳐다봅니다. 내가 위로 한 번 까딱하고 턱을 움직이니 띵호 씨 눈치를 까고 3, 한 칸 위에 4를 쓰며 씨익 웃습니다. 그렇습니다. 공역의 원소 역시 1, 2, 3, 4하고 4까지 나와 있으므로 4까지는 나타내야 합니다.

띵호 씨가 좌표평면 위에 나타낸 그림입니다. 여백의 미를 잘 살린 작품입니다. 감상해 보세요.

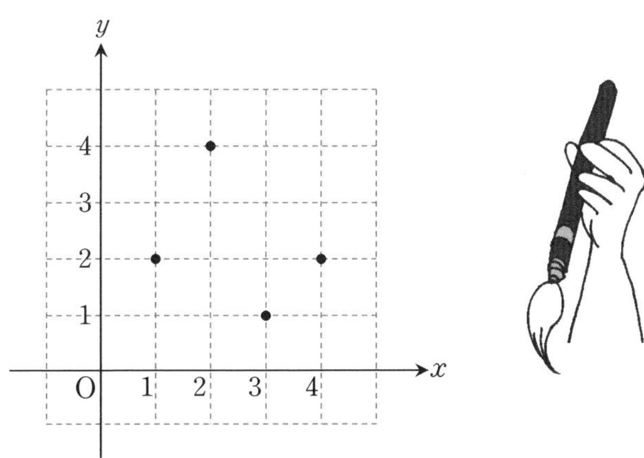

이제 어느 정도 그래프를 읽을 수 있겠지요? 순서쌍을 찍어내는 것이 그래프를 그리는 것이라고 볼 수 있습니다. 또 한편으로는 순서쌍의 집합을 그래프라고 볼 수 있습니다. 그래서 다음 그래프를 보고 함수 f의 정의역과 치역을 말해 보겠습니다.

$$G=\{(-1,\ 1),\ (0,\ 1),\ (1,\ 1)\}$$

자, 가만히 생각해 봅니다. 순서쌍에서 먼저 나온 수가 x의 값이고 나중에 나온 수가 y의 값이니까, -1, 0, 1이 정의역이 됩니다. 그리고 정의역은 집합으로 나타내야 하니까 정의역 $\{-1,\ 0,\ 1\}$으로 표현합니다. 양쪽에 쭈글탱이 중괄호로 반드시 돌아다니지 못하도록 감싸 두어야 합니다. 정의역이라는 말이 있으면 치역이라는 말도 마찬가지입니다. 치역의 원소들을 찾아 반드시 쭈글탱이 중괄호로 감싸야 합니다. 치역의 값은 순서쌍의 y의 값들이므로 1, 1, 1인데 이것을 쭈글탱이 안에 넣게 되면 집합기호의 성질에 영향을 받아서 같은 원소는 한 번만 표시합니다. 그래서 치역은 $\{1\}$로 나타내면 끝입니다. 굳이 $\{1,\ 1,\ 1\}$이라고 표현하지 않아도 됩니다. 집합의 원소를 표현할 때 같은 원소는 중복해서 쓰지 않습니다.

우리들은 문자에 약한 경향이 있습니다. 그래서 이번에는 문자가 원소인 그래프를 보고 연습해 보겠습니다. 우리를 간혹 괴롭히는 문자가 원소인 그래프를 보여 주세요. 당장 학생들의 원수를 갚아 주겠습니다. 그래, 너냐!

$$G=\{(a,\ b),\ (b,\ c),\ (c,\ d),\ (d,\ a)\}$$

음, 좀 무섭게 생겼네요. 얘는 미국인인가요? 온통 영어로만 되어 있군요. 하지만 우리가 누군가요. 학생들의 영원한 친구가 아닌가요? 이 정도는 우리가 혼내 주겠습니다. 띵호 씨 준비됐나요? 오케이, 수술 들어갑니다.

일단 순서쌍의 앞쪽 x의 자리 값들을 따로 떼어 모읍시다. 띵호 씨 그들의 저항도 만만치 않을 거예요. 조심하세요. 띵호 씨의 태극권이 힘을 발휘합니다. 순서쌍의 앞쪽 x의 값들을 분리합니다. 정의역의 원소들 $a,\ b,\ c,\ d$를 떼어낸 띵호 씨는 자신의 양손에 기를 불어 넣어 마치 중괄호{ }로 감싼 것처럼 손바닥 안에 $a,\ b,\ c,\ d$를 몰아넣습니다. 자, 이것입니다.

$$\text{정의역} : \{a,\ b,\ c,\ d\}$$

대단한 기운입니다. 띵호 씨의 손바닥 안에서 움직이지 못하고 팽팽히 저항하는 a, b, c, d입니다. 띵호 씨의 얼굴에서는 땀이 아닌 개기름이 또 흐릅니다.

정의역의 원소들을 호리병속에 넣고 뚜껑을 닫습니다. 이제 띵호 씨는 시원한 물 한 잔을 마십니다. 이번에는 내가 순서쌍의 뒷부분 y의 값들을 다 떼어 모읍니다. b, c, d, a 어, 별거 아니게 떨어지네요. 그럼 이때까지 띵호 씨가 괜히 엄살을 부린 겁니까? 내가 띵호 씨를 쳐다보자 띵호 씨는 눈을 내리깝니다. 내 시선이 무서웠던 것이지요. 학생 여러분, 문자라고 해서 수를 다룰 때와 별반 차이 없습니다. 그냥 순서에 맞게 떼세요. 그리고 중괄호를 아기 다루듯이 잘 감싸 주세요. 사랑이 전달되듯이 $\{b, c, d, a\}$.

여기서 잠깐 이렇게만 해도 답이 되지만 이것을 정리 정돈을 잘하는 친구들도 있습니다. b, c, d, a를 a, b, c, d 순서에 맞게 잘 배열하여 모아 주면 더욱 맛이 삽니다.

$$\{a, b, c, d\}$$

이제 더욱 수련이 필요한 문제를 다루어 보겠습니다. 이제는 진짜 띵호 씨의 기수련이 필요한 경우입니다. 어떤 그림을 보고 함수의 그래프가 되는 것을 찾아내는 것입니다. 단지 그림만으로 함수를 찾아야 합니다. 그림을 보고 기를 통한 호흡법으로 함수가 되는지 맞춰 보겠습니다.

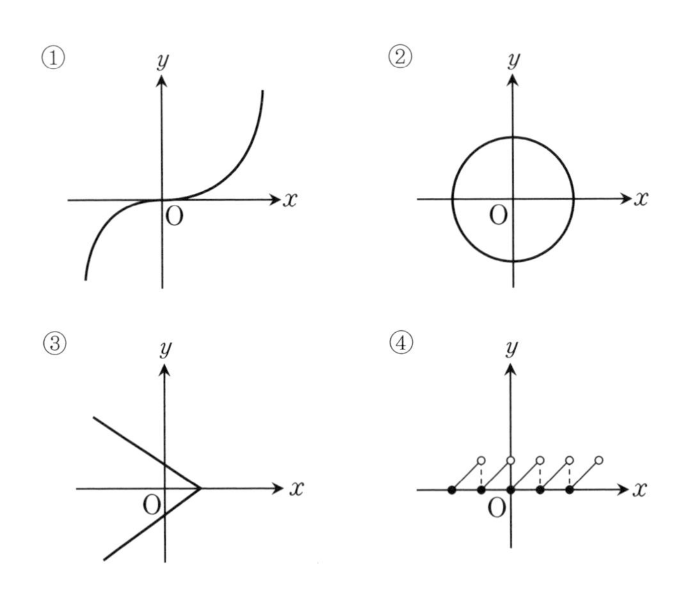

앗, 이게 무슨 날벼락입니까? 갑자기 황사바람이 불기 시작합니다. 일단 잠시 풀이를 중단하고 황사가 그치기를 기다립니다. 그러나 황사는 바로 그칠 것 같지 않습니다. 그렇다고 마냥 기다리기도 뭐하고 하지만 이런 황사 속에서 기호흡을 한다는 것은 인체에 치명적 손상을 일으킬 수 있기 때문에 강행할 수 없는 노릇입니다. 그래서 띵호 씨는 잠시 쉬게 하고 나 디리클레, 함수의 대가 솜씨를 보여 주겠습니다.

함수의 그래프를 찾는 방법으로는 낚시법이 있습니다. 아직 학계에는 발표하지 않았지만 학교 시험 잘 보는 데에는 대단히 유용하기라 봅니다. 나의 낚시법은 어떤 모래 바람이 불더라도 상관없습니다. 그저 눈을 감고 낚싯줄에 찌를 두 개 달아 낚아 올리기만 하면 됩니다. 약간의 감각은 그저 손맛이라고 할까요? 손맛을 한 번 즐겨 보겠습니다.

함수를 찾아내는 낚시법 요령을 알려 주겠습니다. 포인트를 알아야 함수 낚시하기가 재미있습니다. 요령은 낚싯줄을 아래로 곧바로 내리는 것입니다. 간단하지요? 수학적으로 표현하면 y축에 평행한 직선을 그어 보는 것입니다. 위 그림에서 함수가 되는 것과 아닌 것을 모두 낚아 보겠습니다. 하나하나 다 살펴봅시다.

일단 그림을 살펴보니 한 군데 걸리는 그림과 두 군데 걸리는 그림이 있지요? 함수의 속성상 주어진 그래프에서 한 점에서 만나야 함수의 그래프가 됩니다. 그리고 주어진 그래프에서 두 점 이상에서 만나면 함수의 그래프가 아닙니다. ③과 ④을 계속 살펴보면 ③은 낚싯줄을 y축에 평행하게 내리면 두 군데서 만나는 것을 알 수 있지요? 근데 ④그림이 무섭습니다. 하지만 낚시법은 똑같습니다. y축에 평행하게 어떤 곳을 내리더라도 한 군데에서만 만나게 됩니다. 그래서 ④은 함수의 그래프가 맞습니다.

함수의 그래프를 낚는 포인트는 y축에 평행한 직선 $x=a$를 긋는 방법입니다. 이 말이 어려운 학생은 낚시한다고 생각하시고 줄을 아래로 쭈욱 내려 그으세요. 그러면 답은 저절로 나오게 됩니다. 이상 함수의 그래프를 낚는 방법이었습니다. 마침 황사가 그칩니다. 하지만 우리 수업도 여기서 마치고 다음 수업에서 기수련을 하도록 하겠습니다.

두번째 수업 정리

1 두 함수가 서로 같을 조건

- 정의역이 같습니다.

- 정의역에 속하는 임의의 원소에 대하여 함숫값이 같습니다.

2 함수 $f: \mathrm{X} \rightarrow \mathrm{Y}$에 대하여 정의역 X의 원소와 이에 대응하는 함숫값 $f(x)$의 순서쌍 $(x, f(x))$ 전체의 집합 $\mathrm{G}=\{(x, f(x)) \mid x \in \mathrm{X}\}$를 함수 $y=f(x)$의 그래프라고 합니다.

함수의 종류

함수에는 어떤 것들이 있을까요?
일대일 대응에서 항등 함수, 상수 함수 등을 알아봅시다.

세 번째 학습 목표

1. 일대일 대응에 대해 알아봅니다.
2. 항등 함수에 대해 알아봅니다.
3. 상수 함수에 대해 알아봅니다.

미리 알면 좋아요

1. 항등식 항상 성립하는 등식. 항등식은 등호 양쪽의 내용이 항상 같습니다.

2. 좌표 점의 위치를 나타내는 수나 수의 짝. 직선 x위에 한 점 O를 원점으로 하고 일정한 길이로 눈금을 매기면 수직선이 됩니다. 이러한 수직선 위의 임의의 점에 대응하는 수를 그 점의 좌표라고 합니다.

오늘 날씨가 아주 쾌청합니다. 어느새 일어났는지 띵호 씨는 새벽 공기를 마시며 태극권을 연마하고 있습니다. 나도 그간 띵호 씨에게 배운 기호흡을 연습하고 있습니다.

기호흡은 기를 받으면서 코로 하는 호흡이고 피부로 하는 호흡입니다.

온몸으로 기운을 느끼면서 하는 것이 기호흡이고, 그냥 무작정 호흡만 하는 것이 아닙니다. 의식 호흡이라는 것은 기운과 같이 의식이 간다는 이야기입니다. 그 훈련을 하느라고 기를 이리 돌리고 저리 돌리고 하는 것입니다.

기와 의식이 따로 되지 않고 기와 의식을 같이 움직이게 하기 위해서 호흡을 하는 것입니다. 아무 의식이 따라주지 않으면서 기가 온몸으로 다 받아들이면 그건 그냥 숨을 쉬는 것이지 호흡이라고 볼 수 없습니다. 호흡 수련이라고 할 수 있는 것은 호흡과 의식과 기운을 한 곳으로 모았을 때 수련이라고 할 수 있는 것입니다.

우리는 이 방법을 통해 다음에 소개하는 함수들을 이해해 나갈 것입니다. 물론 기체조의 달인 띵호 씨가 나를 좀 도와줄 것입니다.

띵호 씨와 나는 처음으로 일대일 대응에 대해 알아봅니다. 우선 편안한 마음으로 일대일 대응이라는 생각도 말고 호흡에만 집중하세요. 우리가 방금 마신 맑은 공기를 우리의 폐로 나타내 봅시다.

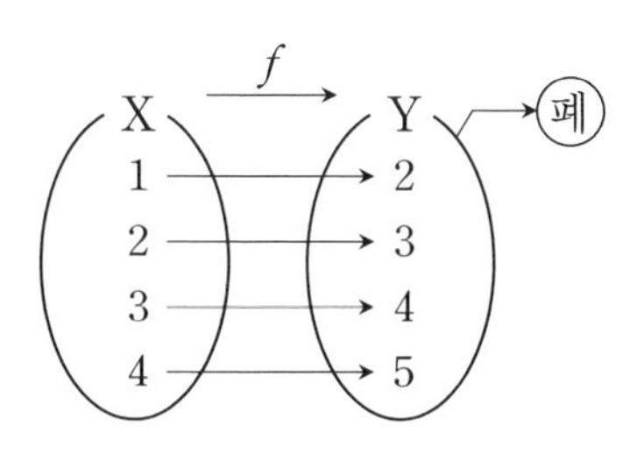

위 그림의 대응관계를 살펴보면 두 가지 조건을 만족시킵니다.
Y의 모든 원소가 대응됩니다. 즉, 치역과 공역이 같습니다.

X의 각 원소에 대응된 Y의 원소가 다릅니다. 즉, $x_1 \neq x_2$이면 $f(x_1) \neq f(x_2)$입니다.

이와 같은 두 조건을 만족시키는 함수를 가리켜 X에서 Y로의 일대일 대응이라고 합니다. 특히 X, Y가 유한집합이고 둘 사이에 일대일 대응관계가 성립할 때, 정의역과 공역의 원소 개수는 서로 같습니다.

좀 더 쉽게 말하면 화장실 안에 변을 보는 장소가 3개 있고 마침 세 사람이 변을 보기 위해 들어왔다고 합시다. 그래서 세 사람이 모두 한 칸씩 들어가서 응가를 보고 있다면 그 관계가 바로 일대일 대응관계입니다. 응가 하는 관계라고 볼 수 있지요. 화장실 이야기를 하니까 코와 폐에 이상한 냄새가 스며드는 것 같군요.

자, 그래서 자리를 옮겨 기호흡을 하겠습니다. 그래서 여러 가지 호흡으로 생긴 폐의 모양을 가지고 함수 f : X→Y가 일대일 대응인지를 판별하여 보겠습니다.

집합 X에서 집합 Y로의 함수를 직접 만들어 판별하는 방법이 있습니다. 주어진 함수를 직접 그림으로 그린 것이 다음과 같습니다. 우리는 이것을 양쪽 폐에서 기가 흐르는 모습으로 생각하고 판별하겠습니다.

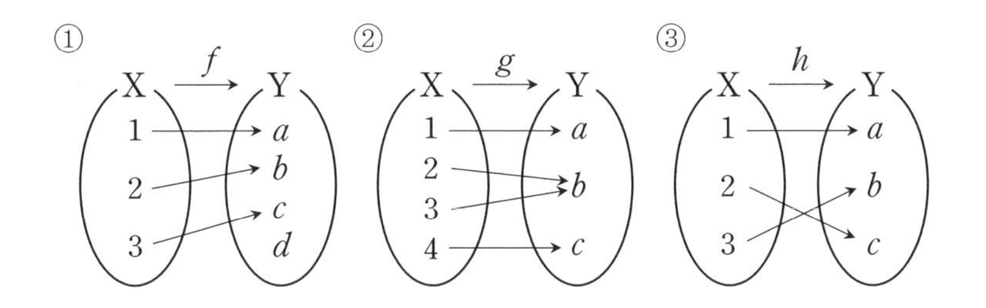

그림 하나하나 판별해 보겠습니다. 고등어가 바짝 타듯이 정신 바짝 차리세요.

①번 그림에서 치역과 공역이 같지 않으므로 즉, 집합 Y의 원소 d에 대응하는 집합 X의 원소가 없다는 말과 같습니다. 그래서 ①번은 일대일 대응이 아닙니다. ②번 그림은 집합 Y의 원소 b에 대응하는 집합 X의 원소가 2, 3으로 2개가 있어서 일대일 대응이 아닙니다. 일대일 대응이 되려면 쉬운 일이 아니군요. 띵호 씨가 기호흡에서도 일대일 대응 호흡이 가장 힘들다고 하네요. 휴~아.

그림 ③은 치역과 공역이 같고 집합 Y의 각 원소에 집합 X의 원소가 1개씩 대응해서 일대일 대응이 맞습니다. 일대일 대응 호흡은 정신을 가다듬어야 합니다. 이와 같이 주어진 함수가 일대일 대응인지를 판별하려면 치역과 공역이 같고 공역의 원소 y에 대응하는 정의역의 원소가 1개인지 확인해야 합니다.

또 다른 방법으로는 집합 X에서 집합 Y로의 함수의 그래프를 보고 판별하는 방법이 있습니다. 공역의 각 원소 k에 대하여 치역과 공역이 같고 직선 $y=k$와 주어진 그래프의 교점의 개수가 1개인지를 확인하는 방법입니다. 그 방법을 통해 일대일 대응인 함수의 그래프인지를 판별할 수 있습니다. 무슨 말이 필요하겠습니까? 그림을 보고 생각하기로 합시다.

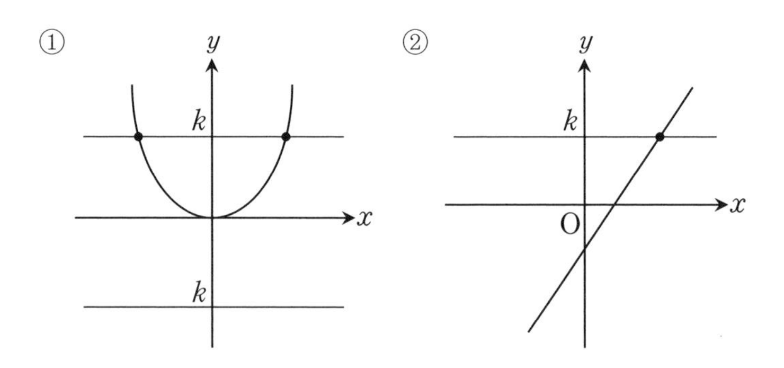

①번 그림에서 보면 직선 $y=k$가 움직임에 따라 교점이 2개가 생기기도 하고 없기도 합니다. 따라서 주어진 함수의 그래프는 일대일 대응이 아닙니다.

그림 ②은 직선 $y=k$를 어디로 옮겨도 교점은 하나씩만 생깁니다. 이런 것이 일대일 대응이지요.

여러분들의 적, '문자로 표현하기' 시간이 돌아왔습니다. 띵호 씨, 어디 가세요? 화장실은 아까 다녀왔잖아요. 띵호 씨도 두려움에 떨고 있습니다. 문자와 식에 물려가도 정신만 차리면 된다고 정신 똑바로 차리고 쳐다봅시다.

함수 f: X→Y에서 $\{f(x) \mid x \in X\} = Y$, 즉 치역과 공역이 같고 정의역 X의 임의의 두 원소 x_1, x_2에 대하여 $x_1 \neq x_2$이면 $f(x_1) \neq f(x_2)$일 때, 함수 f를 일대일 대응이라고 합니다. 내가 설명을 마쳤을 때, 띵호 씨 급기야 구토를 합니다. 정말 무서운 내용인가 봅니다.

우리가 몸에 나쁜 세균이 침투하였을 때 부득이 항생제를 사용합니다. 항생제를 사용하면 몸은 원래대로 회복되지요? 원래대로 만드는 것을 항생제라고 보면 수학에도 이런 항생제같은 역할을 하는 항등이 있습니다. 혹시 항등식이라는 말을 들어 봤나요? 안 들어 봤으면 지금 말할테니 들어 보세요. 항등식은 항상 성립하는 등식이라고 보면 됩니다. 등호 양쪽의 내용이 항상 같아집니다. 그래서 언제나 참인 예스맨이지요. 항등이라는 말이 들어가는 것은 또 있습니다. 항등원이지요. 항상 자기 자신을 나오게 하는 원소를 항등원이라 합니다. 왜 내가 항등이라는 말이 있는 예를 들었냐면 이제 우리가 배울 함수가 항등 함수이기 때문입니다. 앞의 두 가지 예를 종합해 보면 항등이라는 말은 '같다', '자기 자신'이라는 공통점이 있지요. 이 2가지를 잘 생각해서 항등 함수에 도전해 봅시다. 띵호 씨 준비됐나요?

"띵-----호"

중요 포인트

항등함수

- 함수 f: X→Y에서 첫째, 정의역과 공역이 같고, 즉 X=Y이고 둘째, X의 임의의 원소 x에 대하여 그 자신을 대응시키는 함수, 즉, $f(x)=x$일 때 함수 f를 X에서의 항등 함수라 하고 보통 I로 나타냅니다.

항등 함수의 경우 함수 f의 정의역, 공역, 치역이 모두 같은 일대일 대응으로서 X의 각 원소 x에 x 자신이 대응하는 함수입니다. 말로 설명하니까 이해가 안 가죠? 띵호 씨의 기호흡을 통해 이해력을 향상시킵시다.

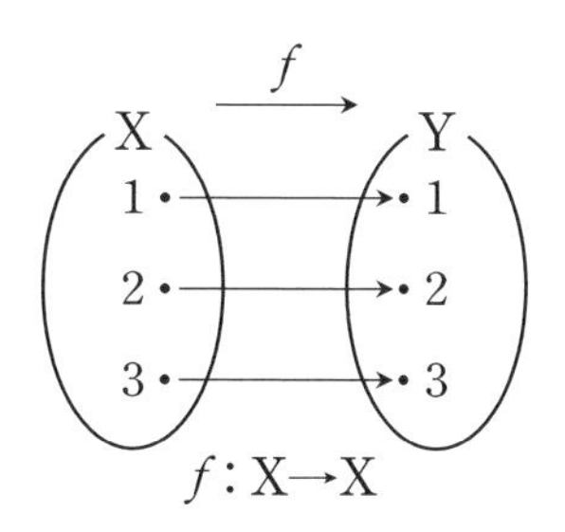

f : X→X

지금 더 설명하면 $f(1)=1, f(2)=2, f(3)=3$이므로 X의 모든 원소 x에 대하여 $f(x)=x$가 성립됩니다. 이러한 함수 f를 항등 함수라고 합니다.

띵호 씨도 한마디 거드네요. 기수련으로 왼쪽 폐와 오른쪽 폐가 똑같아진 상태라고 봅니다. 그리고 기의 흐름도 같은 곳으로 가는 그러한 편안한 상태라고 말하네요. 그런 상태를 좌표평면 위에 나타내면 다음 그림과 같습니다.

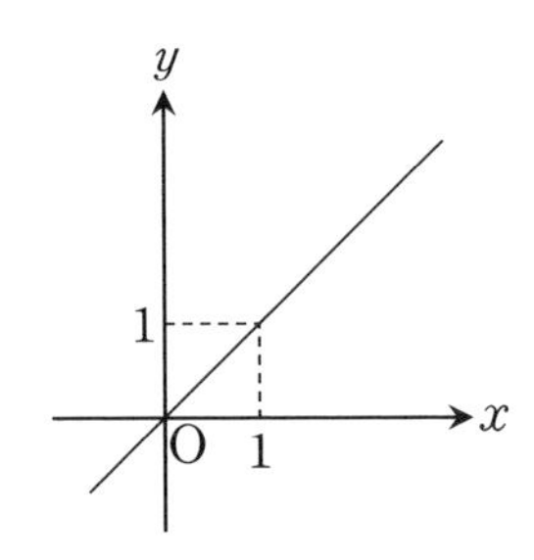

이제 상수 함수에 대해 알아보겠습니다. 개인적으로 상수라는 친구와는 친하지 않습니다. 어릴 적에 지우개 따먹기를 했는데 내 지우개를 몽땅 따먹은 녀석 이름이 상수입니다. 그런데 우스운 일은 내 주변 친구도 다 상수를 싫어한다는 것입니다. 이유를 물어 보니 그들도 어릴 적에 상수에게 지우개를 몽땅 잃었다고 하네요.

어릴 적 마음의 상처는 오래갑니다. 그 당시 상수에게 지우개를 잃은 친구들의 명단은 다음 그림에서 볼 수 있습니다.

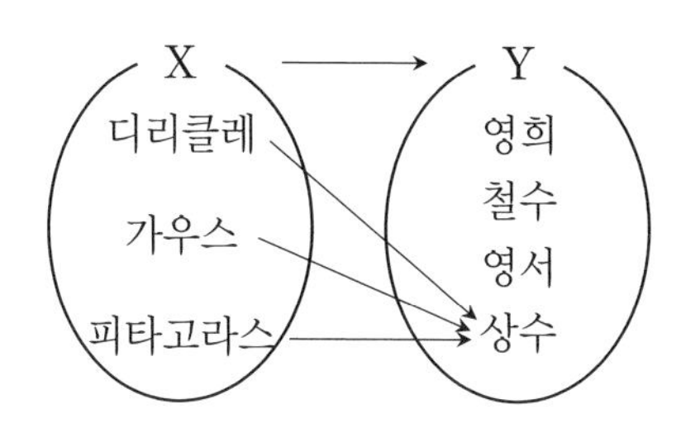

정의역에 있는 세 친구가 모두 상수에게 지우개를 잃었습니다. 그런 함수가 상수 함수입니다. 좀 더 수학적으로 접근해 보겠습니다.

X={디리클레, 가우스, 피타고라스}, Y={영희, 철수, 영서, 상수}에 대하여 함수 f가 f: X→Y, $f(x)$=상수일 때, 다음과 같습니다.

f(디리클레)=상수, f(가우스)=상수, f(피타고라스)=상수

정말 상수가 너무 한 것 같습니다. 이와 같이 함수 f: X→Y에서 X의 모든 원소가 Y의 오직 한 개의 원소에만 대응하는 함수를 상수 함수라고 합니다. 즉 치역이 하나의 원소로만 이루어진 함수를 상수 함수라고 합니다.

이제 상수 함수를 더욱 쉽게 만드는 시간입니다. 문자화하는 작업을 하겠습니다.

함수 f: X→Y에서 정의역 X의 모든 원소 x가 공역 Y의 하나의 원소에만 대응될 때, 즉 f: X→Y, $f(x)=c$ c는 상수일 때, 함수 f를 상수 함수라고 합니다.

상수 함수의 치역은 원소가 1개인 집합입니다.

상수 함수 $f(x)=c$에서 c는 공역의 어떤 원소가 아니라 상수를 나타내는 영어 constant에서 따온 말입니다. 이 상수 함수도 좌표평면에 나타내 보겠습니다. $y=3$이라는 그림입니다.

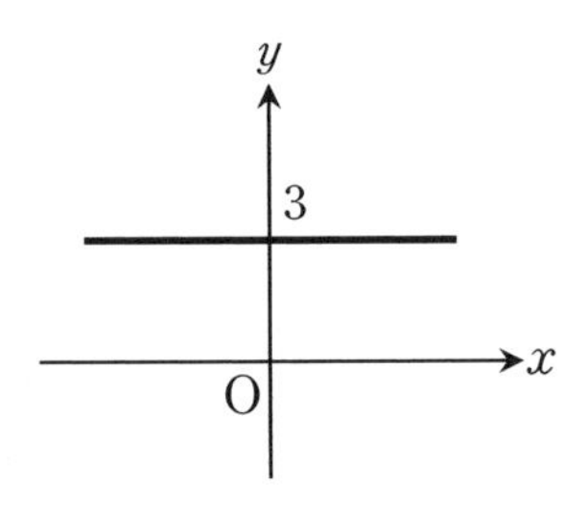

이제 일대일 함수에 대해 알아보겠습니다. 앞에서 일대일 대응에 대해서 설명했지요? 거의 비슷합니다.

함수 f: X→Y에서 X의 서로 다른 임의의 두 원소에 대한 함숫값이 서로 다를 때, 즉 $x_1 \neq x_2$이면 $f(x_1) \neq f(x_2)$일 때, 함수 f

를 X에서 Y로의 일대일 함수라고 합니다.

"어려워."

어려워하는 띵호 씨입니다. 자, 연습해 보도록 합시다. 물론 싫겠지만 조금이라도 이해를 돕기 위해 어쩔 수가 없습니다. 띵호 씨를 원망하세요.

다음 주어진 함수는 일대일 대응, 항등 함수, 상수 함수 중 어느 것인지 말하세요.

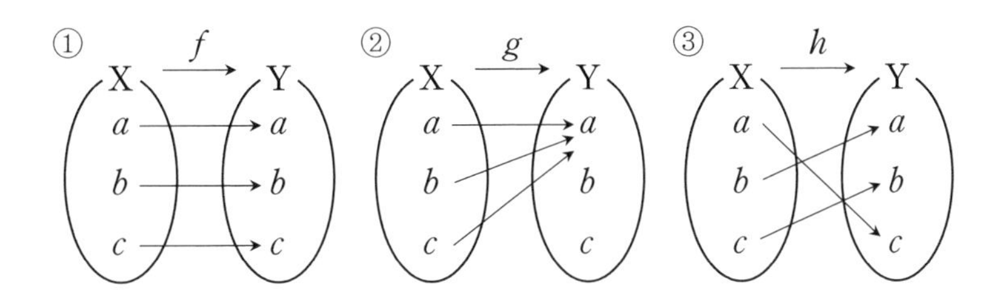

①번 그림을 보면 일대일 대응이면서 항등 함수가 되지요. 그림을 잘 보면 이해가 됩니다. 옆에서 띵호 씨 눈을 감고 ①번 그림을 마음속으로 표현합니다. 나는 띵호 씨의 마음을 알 수 없습니다.

②번 그림을 보면 상수 함수가 맞습니다. 공역의 a에 모든 정의역의 원소가 다 대응되어 있는 그림입니다.

③번 그림을 보니 일대일 대응은 맞습니다. 그러나 항등 함수는 아니지요. 항등 함수는 일대일 대응이지만 일대일 대응은 항등 함수인 것도 있고 아닌 것도 있습니다.

띵호 씨는 이런 폐 상태에서는 오랜 수련을 통해 자유자재로 표현할 수 있다고 합니다. 하지만 황사 철에는 이런 수련은 좀 자제하라고 하는군요.

그럼 이번에는 기공 호흡법 말고 좌표평면에 나타내어 구별하는 것을 연습해 보겠습니다.

다음에서 일대일 대응, 항등 함수, 상수 함수의 그래프를 각각 찾아주세요. 미아보호센터입니다.

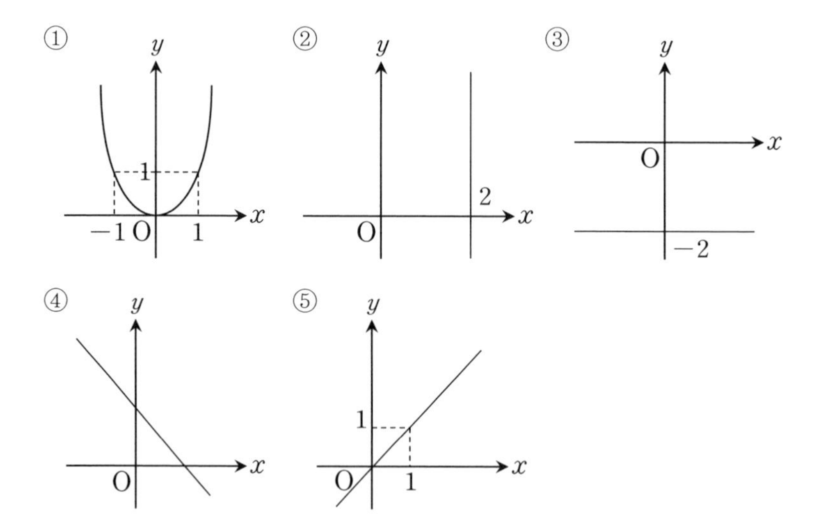

①번에서 서로 다른 x의 값 $-1, 1$에 대하여 $f(1)=f(-1)=1$이므로 일대일 대응이 아닙니다. ②번은 x의 값 하나에 y의 모든 값이 대응되므로 함수가 아닙니다.

③번은 모든 x의 값이 -2에 대응되는 상수 함수입니다. -2에 안 당한 친구가 없네요. 지우개 따먹기의 달인인가 봅니다. ④번과 ⑤번은 일대일 대응입니다. 그중에서 ⑤번은 항등 함수이기도 하네요. ⑤번을 우리는 범생이라고 말할 수 있습니다.

괴롭겠지만 위의 내용을 다시 한 번 더 정리해 보겠습니다.

중요 포인트

① 일대일 대응 : 치역과 공역이 같고, $x_1 \neq x_2$이면 $f(x_1) \neq f(x_2)$인 함수입니다.
② 항등 함수 : 정의역의 각 원소가 자기 자신으로 대응되는 함수입니다.
③ 상수 함수 : 정의역의 모든 원소가 공역의 오직 하나의 원소에만 대응되는 함수입니다.

이왕에 욕 들어 먹은 것 함수의 종류를 기호화해서 나타내 보겠습니다. 마음 단단히 먹어야 할 것입니다. 나도 욕 들어 먹을 각오를 하고 설명하는 것입니다.

중요 포인트

① 일대일 대응 f

함수 f: X→Y에서 치역과 공역이 같다.

X의 임의의 원소 x_1, x_2에 대하여 $x_1 \neq x_2$이면

$f(x_1) \neq f(x_2)$

② 항등 함수 I

함수 I: X→X에서 X의 임의의 원소 x에 대하여

$\mathrm{I}(x)=x$

③ 상수 함수 f

함수 f: X→Y에서 X의 임의의 원소 x에 대하여

$f(x)=k$ 단, k는 상수

주변에 있는 중학생들이 이렇게 어려운 내용을 보고 한쪽에서는 현기증을 다른 한쪽에서는 구토 증세까지 보입니다. 그래서 이번에는 좀 일찍 마치고 다음 수업에서 회복된 모습으로 만나도록 합시다.

세번째
수업 정리

1. 치역과 공역이 같고 X의 각 원소에 대응된 Y의 원소가 다릅니다. 즉, $x_1 \neq x_2$이면 $f(x_1) \neq f(x_2)$입니다.
이와 같은 두 조건을 만족시키는 함수를 가리켜 X에서 Y로의 일대일 대응이라고 합니다. 특히 X, Y가 유한집합이고 둘 사이에 일대일 대응관계가 성립할 때, 정의역과 공역의 원소 개수는 서로 같습니다.

2. 함수 f: X→Y에서 첫째, 정의역과 공역이 같고, 즉 X=Y이고 둘째, X의 임의의 원소 x에 대하여 그 자신을 대응시키는 함수, 즉, $f(x)=x$일 때 함수 f를 X에서의 항등 함수라 하고 보통 I로 나타냅니다.

3. 함수 f: X→Y에서 X의 모든 원소가 Y의 오직 한 개의 원소에만 대응하는 함수를 상수 함수라고 합니다. 치역이 하나의 원소로만 이루어진 함수를 상수 함수라고 합니다.

합성 함수

합성 함수의 정의와 계산법을 알아봅시다.

네 번째 학습 목표

1. 합성 함수에 대해 알아봅니다.
2. 합성 함수의 계산법에 대해서도 배웁니다.

미리 알면 좋아요

1. **합성 함수** 두 함수를 합성해 하나의 함수로 나타낸 것. 두 함수 $y=f(z)$, $z=g(x)$가 있을 때, 이것을 합성하여 하나의 함수 $y=f(g(x))$를 만들면 y는 x의 함수가 됩니다. 이것을 두 함수의 합성 함수라고 합니다.

2. **교환법칙** 연산의 순서를 바꾸어도 그 결과는 같다는 법칙.

3. **결합법칙** 여러 개의 수를 더할 때, 그 중 어떤 것을 먼저 묶어서 더하더라도 결과는 똑같다는 법칙.

이번에는 합성 함수에 대해 공부할 것입니다. 합성이라는 말은 섞여서 한 덩어리를 이룬다는 뜻입니다. 말 그대로 여러 개의 함수를 섞어서 하나의 함수처럼 사용할 수 있도록 만드는 것이 이번 합성 함수의 목적입니다. 섞는다고 해서 아무 때나 믹서기에 갈 듯이 섞어서는 안 됩니다. 합성 함수는 섞는 순서를 잘 지켜야 합니다.

아까 내가 띵호 씨에게 합성 함수에 대해 설명을 하고 소품을

입고 등장하라고 했는데 지금까지 뭐하고 있는지 아직 나타나지 않습니다. 정말 미안하네요. 전화해 보겠습니다. 마침 저기 나타났네요. 보았죠? 우리가 여러분들에게 보여 줄 장면입니다. 하하하, 띵호 씨가 슈퍼맨 복장을 하니까 조금은 아니 많이 우습네요. 배가 튀어나온 슈퍼맨은 영 제 모습이 아닌 것 같습니다.

띵호 씨가 민망하게 빤히 쳐다보지 말아요. 띵호 씨가 민망하여 바로 설명을 하겠습니다. 띵호 씨 그렇다고 너무 몸을 꼬지 마세요. 몸통에 비해 얇은 다리가 중년아저씨 몸매 같잖아요.

자, 우리가 설명할 부분은 슈퍼맨의 복장입니다. 슈퍼맨의 복장 중 특이한 것은 바지 위에 팬티를 입었다는 것입니다. 그 바지 위에 입은 팬티를 가지고 합성 함수를 설명해 보겠습니다.

일단 슈퍼맨이 바지를 먼저 입습니다. 그리고 다음에 그 위에 팬티를 입습니다. 그런데 이런 동작을 시민들이 위기에 처할 때마다 반복한다면 위기에 빠진 시민을 속히 구할 수가 없습니다. 그래서 슈퍼맨은 바지 위에 팬티가 입힌 상태의 옷을 바로 입습니다. 바로 이것이 합성 함수의 뜻을 나타내는 것입니다.

이것을 그림으로 나타내면 그 뜻이 좀 더 잘 이해될 것입니다.

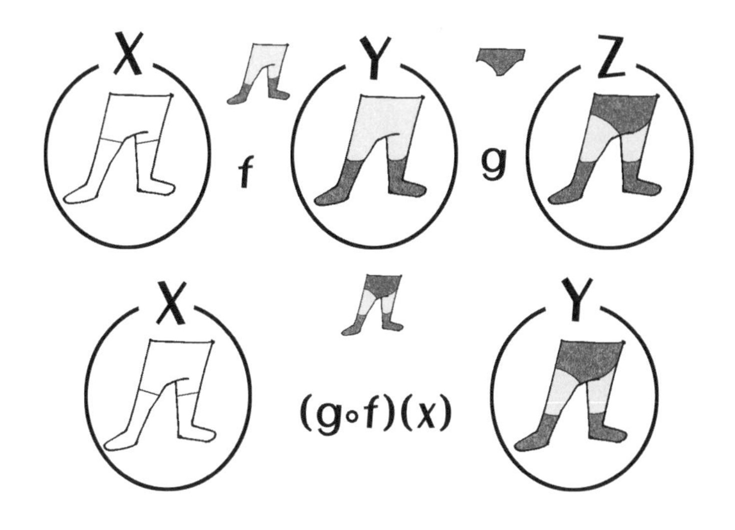

음, 위 그림에서 생각해야 할 기호는 $(g \circ f)(x)$입니다. ∘요 쥐만한 동그라미가 뜻하는 것이 합성을 나타내는 기호입니다. 좀 있다가 설명을 하겠지만 $(g \circ f)(x)$은 $g(f(x))$와 같은 뜻입니다. $g(f(x))$는 x를 f에 대입한 값인 $f(x)$를 함수 g에 대입한 값입니다. 그림을 보면서 읽고 있나요? 그래야 이해가 좀 더 수월합니다.

그런데 주의해야 할 것은 $(g \circ f)(x)$의 계산은 f를 먼저 계산하고 g를 계산하는 과정이 좀 헷갈리지요? x에 가까운 쪽부터 계산한다고 생각하세요.

좀 이해가 팍팍 오지 않는 상태지만 교과서에 나오는 정의를 보여 주겠습니다. 한 번에 이해하지 않아도 됩니다. 하지만 어려운 것이라도 미리 조금씩 익혀두면 반복을 통해 이해가 됩니다. 그냥 먼 산 바라보듯이 봅시다. 허허, 그렇다고 진짜 먼 산을 보면 어떡합니까? 책을 보세요.

두 함수 $f: \mathrm{X} \rightarrow \mathrm{Y}$, $g: \mathrm{Y} \rightarrow \mathrm{Z}$에 대해, 집합 X의 임의의 원소 x에 집합 Z의 원소 $g(f(x))$를 대응시킴으로써 X를 정의역, Z를 공역으로 하는 새로운 함수를 정의할 수 있을 때, 이 함수를 합성함수라 하고, $g \circ f: \mathrm{X} \rightarrow \mathrm{Z}$와 같이 나타냅니다.

$g \circ f: \mathrm{X} \rightarrow \mathrm{Z}$는 $(g \circ f)(x) = g(f(x))$로 계산합니다.

이 함수를 f와 g의 합성 함수라 하고, 기호 $g \circ f$ 또는 $y = g(f(x))$로 나타냅니다.

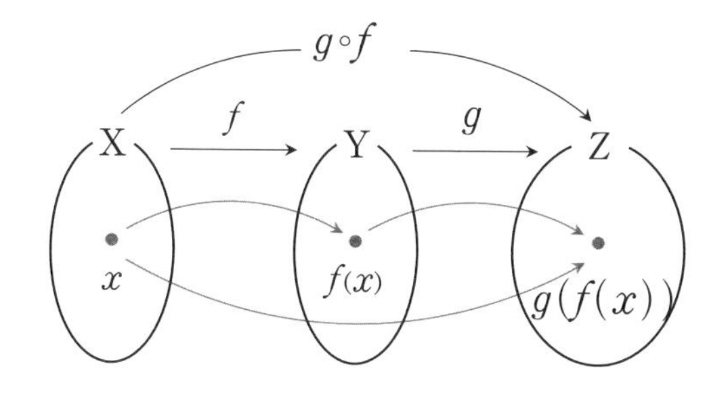

띵호 씨 옆에서 기호흡으로 합성 함수를 나타내겠다면서 자기랑 같이 수련을 하고 있는 동료를 한 사람 데리고 왔습니다. 그래서 내가 폐를 가지고 설명을 하려면 폐가 3개만 필요한데 두 사람이면 폐가 4개라서 어떻게 설명할 거냐고 물어 보았습니다. 내 참, 띵호 씨의 말이 자신의 옆에 있는 이 사람은 젊었을 때 담배를 너무 피워 폐 하나를 수술로 들어냈다면서 설명할 수 있다고 합니다. 하지만 나는 이번 설명은 영 아니라며 띵호 씨를 말리고 폐 하나 밖에 없는 아픈 사람을 돌려보냈습니다. 폐가 하나 밖에 없는 그 사람은 왔던 길을 돌아가며 호흡을 가쁘게 몰아쉽니다. 수업이 이상하게 돌아가기 전에 문제 하나 설명하겠습니다. 물론 합성 함수를 나타내는 문제입니다.

두 함수 $f(x)=2x-3$, $g(x)=-x+4$에 대하여 합성 함수

$(g\circ f)(x)$와 $(f\circ g)(x)$를 각각 구해 보겠습니다. 근데 여기서 궁금한 것 하나, $\circ$를 읽을 때 어떻게 읽나요? 이것은 도트dot라고 읽습니다. 점이라는 뜻입니다. 그래서 나는 얼굴에 점이 있는 사람을 말할 때 점이 많다고 하지 않고 도트가 좀 있다고 말해줍니다. 이제 풀이하겠습니다.

두 함수 f, g의 정의역과 공역은 모두 실수 전체의 집합입니다. 이 말은 알면 좋지만 이 문제를 풀 때에는 크게 신경을 안 써도 됩니다. 함성함수 $g\circ f$와 $f\circ g$를 알아보겠습니다.

일단은 $(g\circ f)(x)$부터 손 좀 봐주겠습니다. 이리와 어디서 학생들을 괴롭히려고 정의의 x를 받아라!

$$
\begin{aligned}
(g\circ f)(x) &= g(f(x)) = -f(x)+4 \\
&= -(2x-3)+4 = -2x+7
\end{aligned}
$$

이제 $(f\circ g)(x)$ 이 녀석을 손보겠습니다. 뭐야, 이 녀석 흙장난하고 왔나, 손에 온통 흙투성이네. 손 씻고 와.

녀석이 손을 씻고 왔습니다. 이제 손을 봐주겠습니다.

$$(f\circ g)(x)=f(g(x))=2g(x)-3$$
$$=2(-x+4)-3=-2x+5$$

그래서 답은 $(g\circ f)(x)=-2x+7$, $(f\circ g)(x)=-2x+5$가 됩니다.

잠깐 그렇다면 $(f\circ g)(x)$와 $(g\circ f)(x)$의 답이 다릅니다. 서로 자리를 바꾸면 결과가 달라집니다. 이것을 공부 좀 한다는 친구는 교환법칙이 성립하지 않는다고 말합니다.

그렇습니다. 합성 함수는 교환법칙이 성립하지 않습니다. 성립하려면 자리 바꾼 결과가 같아야 하거든요.

그래서 합성 함수를 다룰 때에는 항상 합성된 순서에 주의를 기울여야 합니다. 띵호 씨가 산을 보고 다음과 같이 외칩니다.

"합성 함수는 교환법칙이 성립하지 않는다."

그런데 놀랍게도 산에서 우리에게 돌아온 메아리는 다음과 같습니다.

$$g \circ f \neq f \circ g$$

메아리는 소리를 보낸 대로 돌아와야 정상이 아닙니까? 이게 어떻게 된 거냐며 띵호 씨는 나에게 항의를 합니다. 하하, 하지만 산에서 우리에게 돌려보낸 메아리의 내용은 띵호 씨가 말한 내용을 다시 보낸 것이 맞습니다. 왜냐하면 합성 함수의 교환법칙이 성립하지 않는다는 내용을 기호로 만들어 돌려보냈으니까요. 여기다 좀 더 추가를 한다면 f와 g는 함수라고 말해주면 완벽합니다.

정말 수학을 좀 아는 산입니다. 이 산의 이름은 이 책이 끝날 때쯤에 가르쳐 주겠습니다. 만약 내가 깜박하고 까먹으면 메일로 연락을 주세요.

이제 합성 함수의 기호인 도트에 대해 알아보겠습니다. 도트란 별 뜻이 없습니다. ◦얘 이름이 도트입니다. $g \circ f$를 우리는 함수 f를 함수 g에 합성한 함수라고 보면 됩니다. 잘 보입니까? 집중하세요. $f \circ g$는 함수 g를 함수 f에 합성한 함수입니다.

이런 합성 함수의 성질에 대해 몇 개 알아보겠습니다. 이 합성 함수는 함수치곤 그렇게 까탈스런 성질을 가지고 있지는 않습니다. 단지 청개구리처럼 뒤에서 먼저 계산하는 특징이 있지요.

교환법칙이 성립하지 않는다는 좀 전에 설명했고요. 결합법칙에 대해 알아보겠습니다. 띵호 씨, 준비하세요. 소림사에서 배운 줄로 묶는 기술을 보여 주세요. 그 기술은 수학으로 치면 괄호로 묶는 기술입니다. 그럼 세 개의 함수 등장하세요. 이제부터 띵호 씨의 놀라운 괄호 묶기가 시작됩니다.

h, g, f 세 함수가 무서운 인상을 쓰면서 등장합니다. 하지만 묶는 기술에 달인인 띵호 씨의 얼굴에는 여유가 보입니다. 앗, 띵호 씨가 줄을 깜빡하고 두고 왔다며 기다리라고 하며 돌아갑니다. 이때 '왜 부른 거야' 하며 g와 f둘이 먼저 우리를 위협합니다. 긴장된 순간 돌아온 띵호 씨, 차에서 들고 온 줄을 이용하여 g와 f를 묶어 버립니다. 그리고 합성시켜 버리니 $h\circ(g\circ f)$가 되어 버렸습니다. 띵호 씨 자랑스럽게 폼을 잡고 있습니다. 윽, 그런데 줄이 풀려서 이번에는 h와 g가 달려듭니다. 하지만 띵호 씨 매듭의 달인답게 이번에는 h와 g를 묶어 버립니다. 다음과 같이 됩니다.

$$(h\circ g)\circ f$$

그런데 띵호 씨,

$h\circ(g\circ f)$와 $(h\circ g)\circ f$의 결과가 같다는 사실을 알고 계십니까? 띵호 씨는 묶을 줄만 알았지 그런 수학적 사실을 알지는 못합니다.

$$h \circ (g \circ f) = (h \circ g) \circ f$$

이것을 수학에서 다시 다루겠습니다. 즉, 결합법칙이 성립한다는 뜻인데 백 마디 말보다는 하나의 그림으로 그 사실을 알려 주겠습니다. $h \circ (g \circ f) = (h \circ g) \circ f$에서 결합법칙이 성립합니다.

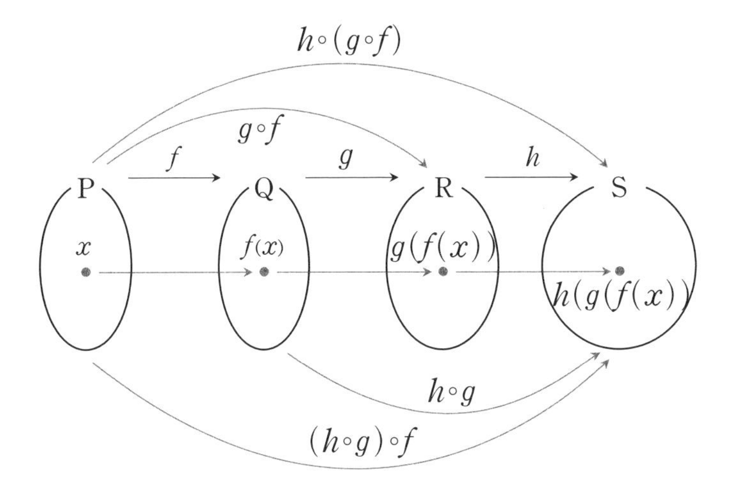

그림을 보니 더 헷갈린다며 띵호 씨 합성 함수를 기호흡으로 풀겠다고 자신의 후배를 데려와서 호흡법으로 결합법칙을 표현하려고 합니다. 하지만 어떤 표현도 쉽게 나타낼 것 같지 않아 띵호 씨를 두고 다음 설명을 합시다. 나무 밑에서 띵호 씨와 그의 후배는 열심히 기호흡을 하고 있습니다.

자, 이제 다시 합성 함수에 대해 정리해 봅시다.

예를 들어 세 집합 X={1, 3, 5} Y={가, 나, 다} Z={a, b}에 대하여 두 함수 f: X→Y, g: Y→Z가 그림과 같이 주어집니다.

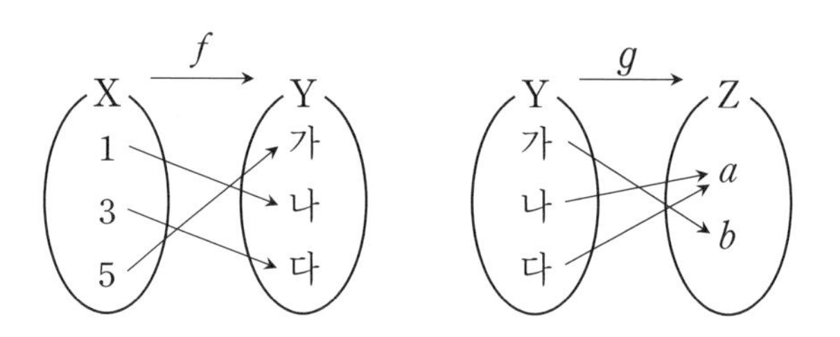

이때 두 함수 f와 g의 대응 관계를 함께 나타내 봅시다.

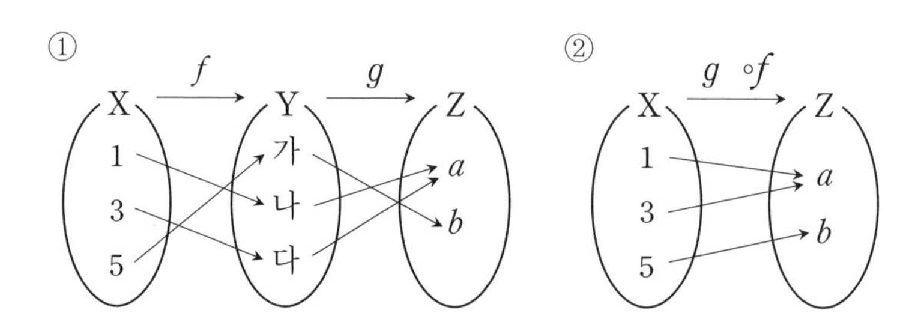

②번은 ①번에서 중간 단계를 빼고 X의 원소에 Z의 원소를 대응시키는 것입니다. ②번이 바로 합성 함수를 나타낸 것입니다. X를 정의역, Z를 공역으로 하는 새로운 함수이지요. 이 함수는 f와 g를 결합한 f와 g의 합성 함수입니다. 이것을 기호로 $g \circ f$와

같이 나타냅니다. 어렵게 나타내면 다음이 성립합니다.

$$g \circ f: X \to Z, \ z = (g \circ f)(x)$$

함수 g에 의한 $f(x)$의 상은 Z의 원소 $g(f(x))$입니다. 어렵습니다. 그냥 넘어가세요.

이제 우리 주변 이야기를 좀 하겠습니다. 우리 주변에서 합성 함수로 나타낼 수 있는 사건을 찾아봅시다. 친구 아빠 공장에서 필요한 외국인 노동자의 수를 $f(x)$, 한 노동자가 생산하는 제품의 양을 $g(x)$라 한다면 이 공장에서 하루에 생산하는 제품의 양은 합성 함수로 표현됩니다. 노동자수와 노동자가 생산한 제품의 양을 합성시킬 수 있지요.

이런 사건들을 더 알아봅시다.

중학교 학생 1명이 하루에 닌텐도 게임기를 사용하는 평균 시간은 $f(x)$, 우리나라 중학교 평균 학생수가 $g(x)$로 표시된다면 우리나라의 한 중학교에서 하루에 닌텐도를 사용하는 평균 시간을 합성 함수 $(g \circ f)(x)$로 나타낼 수 있습니다.

이상으로 합성 함수에 대해 알아 보았습니다. 이만 수업을 마치고 다음 수업에서 만납시다.

네번째
수업 정리

두 함수 f: X→Y, g: Y→Z에 대해, 집합 X의 임의의 원소 x에 집합Z의 원소 $g(f(x))$를 대응시킴으로써 X를 정의역, Z를 공역으로 하는 새로운 함수를 정의할 수 있을 때, 이 함수를 합성 함수라 하고, $g \circ f$: X→Z와 같이 나타냅니다.

$g \circ f$: X→Z는 $(g \circ f)(x) = g(f(x))$로 계산합니다.

이 함수를 f와 g의 합성함수라 하고, 기호 $g \circ f$ 또는 $y = g(f(x))$로 나타냅니다.

역함수

역함수가 되기 위해서는 어떤 조건이 필요할까요?
역함수의 성질에 대해서 알아봅시다.

다섯 번째 학습 목표

1. 역함수에 대해 공부합니다.
2. 역함수가 되기 위한 조건을 배웁니다.
3. 역함수의 성질에 대해 알아봅니다.

미리 알면 좋아요

등식의 성질

- 등식의 양변에 같은 수를 더하여도 등식은 성립합니다.
- 등식의 양변에 같은 수를 빼도 등식은 성립합니다.
- 등식의 양변에 같은 수를 곱해도 등식은 성립합니다.
- 등식의 양변에 0이 아닌 같은 수로 나누어도 등식은 성립합니다.

우리가 비디오를 보다보면 뒤로 테이프를 감게 되는 경우가 간혹 있습니다. 지나간 장면을 보기 위해서지요. 화살표 반대 방향을 눌러 돌아가던 것을 반대로 하면 됩니다. 이런 기능은 카세트나 비디오 플레이어에만 있는 것이 아닙니다. 함수에도 이런 기능을 하는 것이 있습니다. 함수란 말뜻에는 기능이란 뜻도 포함되거든요. 그 기능을 하는 것이 바로 오늘 우리가 배울 역함수입니다. 역함수를 소리 나는 대로 읽어보면 역캄수 혹은 듣기에 따라 역한수로도 들립니다. 역하고 아주 고약한 냄새를 풍기는 함수처럼 들리지만 이 역함수는 말처럼 그렇게 역한 함수가 아닙니다. 단지 대응의 방향을 뒤집어 놓은 새로운 함수라고 보면 됩니다. 예를 들어 보겠습니다. 동물들이 눈이 온 땅을 밟고 지나갔습니다. 아마 오늘 새벽에 생긴 일인 듯합니다. 이때를 우리는 놓치지 않고 함수를 적용시킵니다. 멧돼지가 지나가면 멧돼지의 발자국이 생기겠지요. 토끼가 지나가면 토끼의 발자국이 생깁니다. 그처럼 멧돼지는 멧돼지의 발자국에 대응되고 토끼는 토끼의 발자국에 대응됩니다. 서로 잘 대응시키면 함수라고 볼 수 있습니다. 이 함수를 이용하여 우리는 역함수를 설명하려고 합니다. 준비됐습니까? 머릿속에 이 함수가 그려집니까? 자, 역함수 들어갑니다. 띵호 씨도 준비하세요.

토끼를 보고 토끼 발자국을 찾는 것은 원래 함수이고 토끼 발자국을 보고 토끼라는 것을 맞추는 것을 역함수라고 생각하면 됩니다. 약간 역함수에 대한 이야기 왼쪽 뇌에 자극이 되며 꽂히나요? 자, 저 굵은 발자국의 정체는? 그렇죠. 멧돼지가 됩니다.

이제 역함수에 대한 아웃트라인이 잡힌 상태에서 공부를 시작

합시다. 띵호 씨, 준비 됐나요? 좀 있으면 반대로 호흡하는 기체조 들어갑니다.

f가 X에서 Y로의 함수라면, f의 역함수 g는 Y에서 X로의 함수가 되고 띵호 씨 폐를 순환시키는 호흡법으로 보기를 보여 주세요.

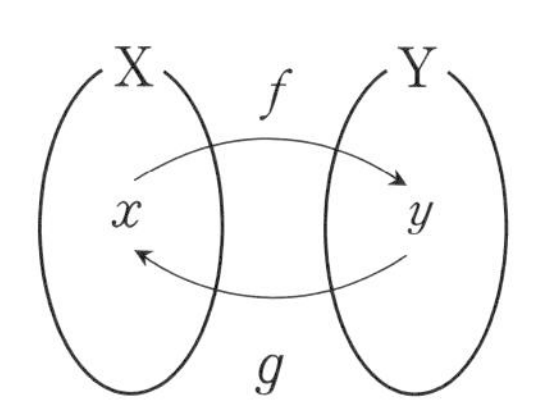

$f(x)=y$ 일 때, $g(y)=x$

띵호 씨는 우리가 보기에 오른쪽 폐에서 왼쪽 폐로 공기를 옮길 수 있어야 진정한 기호흡의 달인이라고 할 수 있습니다. 수학에서는 정의역과 공역이 뒤바뀌고 x, y 사이의 관계식도 뒤바뀌게 되는 것입니다. 역함수에는 절친한 친구가 한 사람 있습니다. 여러분도 알 것입니다. 그 이름은 일대일 대응입니다. 그 사람을 알려면 그 친구를 보면 된다는 말이 있지요? 일대일 대응을 알아야 역함수를 알 수 있습니다. 일대일 대응을 벌써 까먹었다고요? 일대일 대응에 대해 다시 알아보겠습니다.

일대일 대응에 사용되는 2가지 조건입니다. 우선 Y의 원소가 모두 대응되어야 합니다. 그리고 치역과 공역이 같습니다. 그놈이 그놈이 되어야 한다는 소리입니다.

그 다음으로 X의 서로 다른 원소에 Y의 서로 다른 원소가 대응됩니다. 즉, $x_1 \neq x_2$이면 $f(x_1) \neq f(x_2)$입니다.

그런데 왜 일대일 대응과 역함수가 친구가 될 수 있을까요? 위 일대일 대응을 살펴보면 역대응이 함수가 되기 위한 조건입니다. 역함수 역시 함수이므로 함수의 조건을 만족해야 하니까요. 만약에 처음 조건이 성립하지 않으면 역대응의 정의역 Y의 원소 중에 대응하지 않는 원소가 생깁니다. 그러면 역대응은 함수가 될 수 없습니다. 말로만 설명하니까 이해력의 레벨이 좀 떨어지나요? 띵호 씨 허파를 통한 그림을 보여 주세요.

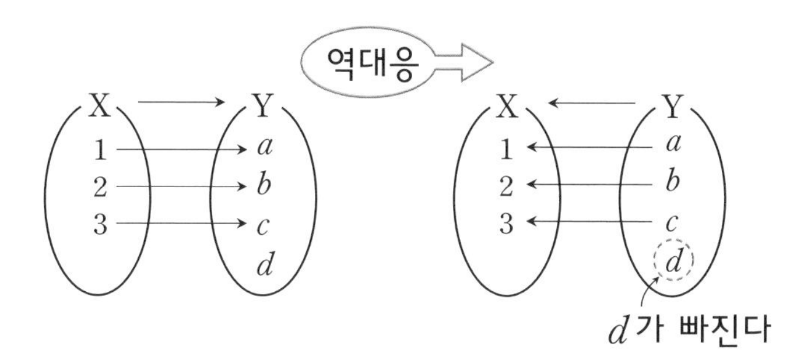

그림에서 보듯이 원소 d의 원소가 대응되는 것이 없으므로 역함수는 함수가 될 수 없습니다. 반드시 처음 조건을 만족해야 합니다. 함수 조건을 한 번 더 말해 주겠습니다. 대응시키는 원소가 빠지면 함수가 아닙니다. 정의역의 모든 원소가 빠짐없이 대응되어야 합니다. 역대응에서는 공역이 정의역이 됩니다.

두 번째 조건이 성립하지 않으면 Y의 원소 하나에 2개 이상의 X의 원소가 대응되므로 역시 역대응이 함수가 될 수 없습니다. 일단은 그림을 한 번 보고 다시 이야기를 나누어 봅니다.

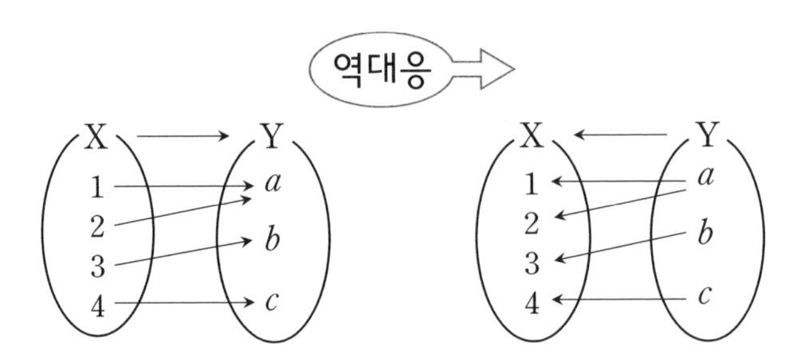

그림을 통해 역대응을 시켜보니 함수의 조건 중 정의역의 한 원소에 두 번 갈 수 없다는 조건을 위반하고 있지요. 즉, 역함수의 정의역 Y의 한 원소가 2개의 X 원소와 대응하기 때문에 함수가 될 수 없습니다.

결국 주어진 함수가 일대일 대응일 경우에만 역함수가 존재합니다. 그래서 역함수와 일대일 대응은 친구 관계가 될 수 있었던 것입니다. 이것을 띵호 씨는 기호흡으로 보여 준다며 자신의 왼쪽 폐에서 오른쪽 폐로 기를 대응시키고 있습니다. 이번 기호흡은 오랜 수련을 거쳐야 할 수 있는 것이라며 띵호 씨는 말합니다. 그러다 갑자기 사레가 걸렸는지 캑캑거립니다. 급기야는 구토를 합니다. 역한 냄새가 납니다. 역한 냄새를 풍기는 역함수는 구하기 어려운가 봅니다. 그래서 이제부터는 차근차근 역함수 구하는 방법을 배워 봅시다. 옆에 있던 띵호 씨는 아무래도 병원에 가 봐야겠다며 급하게 떠납니다. 진짜 속이 역해서 병원을 간 것인지 아니면 역함수 구하기를 배운다고 해서 병원에 간 것인지 확인할 길은 없습니다. 띵호 씨는 가고 우리는 다시 한 번 더 역함수의 존재 조건에 대해 더 알아보고 역함수를 구해 봅시다. 역함수의 존재 조건은 주어진 함수가 일대일 대응이어야 합니다. 그림으로 마지막 확인을 해 봅니다.

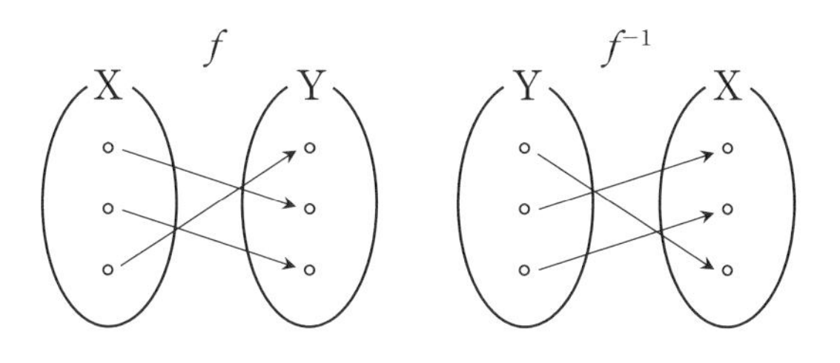

그림에 빌붙어 있는 기호 중 f^{-1} 이라는 것이 보이지요? 그 기호가 바로 역함수라는 기호입니다. 앞으로 나오게 될 것입니다. 서로 인사들 하세요. 이름이 어떻게 되냐고요? 에프 인버스 inverse라고 부릅니다. 우리말로는 역함수라고 부르지요. f가 일대일 대응인 경우에만, Y의 임의의 원소 y에 대하여 $f(x)=y$를 만족하는 X의 원소 x가 단 하나 존재하므로 역방향의 새로운 함수Y에서 X로의 함수 g로 정의할 수 있습니다. 이 새로운 함수를 f

의 역함수라고 하고 기호로는 다음과 같이 나타냅니다.

$$f^{-1}: \mathrm{Y} \to \mathrm{X},\ x = f^{-1}(y)$$

이제 마침내 역함수 구하는 문제를 풀어 보겠습니다. 잔뜩 긴장하세요. 풀고 나면 별거 아니니까요.

$y=3x-2$의 역함수를 구해 보겠습니다. 출발은 x에서부터입니다. 그래서 x에 대해서 정리해 보겠습니다. 3과 x를 분리시키는 과정은 좀 있다가 하고 -2를 일단 등호의 저편으로 넘깁니다.

그 결과 나타난 모습이 멋지네요. $3x=y+2$, 사실 이 모습은 $y+2=3x$였는데 전체를 바꿔도 되니까 $3x=y+2$ 입니다. 이제 그간 정들었던 3과 x가 헤어지게 됩니다. 슬픈 이별이지요. 3과 x사이에는 곱하기라는 끈끈한 정이 숨겨져 있습니다. 헤어져 보면 알 수 있지요. 등식의 성질을 이용하여 양변에 3으로 나누어보면 3과 x는 분리됩니다.

이별한 장면, $x=\dfrac{y+2}{3}$입니다. 이별은 가슴 아프지만 산 사람은 살아야 한다는 할머니의 말씀이 생각납니다. x에 관하여 정리된 상황에서 x를 y로, y를 x로 바꾸면 됩니다. 역함수라는 말속에 역할을 바꾼다는 의미가 숨어 있는 셈이지요.

$x=\frac{y+2}{3}$은 $y=\frac{x+2}{3}$로 다시 태어나는 것입니다.

즉, $y=3x-2$의 역함수는 $y=\frac{x+2}{3}$입니다.

역함수를 구하는 과정을 다시 정리해 봅시다. 우선 x에 대해 정리를 합니다. 그리고 나서 x를 y로 y를 x로 바꿉니다. 기억하세요.

아참, 역함수를 구하려면 주어진 함수 $f(x)$가 일대일 대응인지 확인해야 합니다. 역함수의 정의역이 실수 전체의 집합이 아닐 경우에는 반드시 정의역을 표시해야 합니다. 이때 역함수의 정의역은 원래 함수의 치역과 같습니다.

이제 여러분들이 가장 싫어하는 시간이 모퉁이 길을 돌아왔습니다.

함수 f:X→Y의 역함수가 존재할 때, 역함수의 정의로부터 X의 임의의 원소 x에 대하여 $y=f(x) \Leftrightarrow x=f^{-1}(y)$가 성립합니다. 그런데 일반적으로 정의역의 원소를 x, 치역의 원소를 y로 나타낼 수 있으므로 $x=f^{-1}(y)$에서 x와 y를 서로 바꾸어서 만들어 봅니다.

"그래도 되나요?"

그래도 됩니다. 그래서 $y=f^{-1}(x)$로 나타내면 함수 $f(x)$의 역함수 $f^{-1}(x)$를 구할 수 있습니다. 이야기를 하는 동안 많은 학생들이 책을 덮는군요. 하지만 되는 사람과 안 되는 사람의 차이는 열정이 좌우합니다. 이 부분이 이해가 잘 안 되는 친구들은 고등학교 1학년 공부 잘하는 형과 누나에게 물어 보세요. 반드시 성취감을 느낄 수 있을 겁니다.

자, 이 부분을 완전히 이해하지 못한 친구들을 위해 문제를 통해 확인하겠습니다. 도망가지 마세요. 지레 겁먹으면 절대 이해하지 못합니다. 우리 한 번 힘을 내어 싸워 봅시다. 덤벼라, 이놈의 역함수 구하기야. 가자!

다음 함수 $y=-\frac{1}{5}x+2$의 역함수를 구해 봅시다.

벌써 하체가 풀리며 등줄기에 땀을 흘리고 있군요. 용기를 가지고 덤벼 봅시다. 아까 뭐라고 했지요? x에 관해 정리하라고 말했습니다. 그럼 $-\frac{1}{5}x$옆에 붙어 있는 $+2$를 좌변으로 옮겨 봅니다.

왜? 일단은 $-\frac{1}{5}x$만 남겨 두기 위해서지요. $y-2=-\frac{1}{5}x$가 됩니다. $+2$가 등호를 넘어가면 부호가 바뀌는 것 알고 있지요? 모르면 지금부터 그 사실을 기억하면 됩니다. 아직 한쪽에 x만 남은 상태가 아닙니다. 아쉽지만 $-\frac{1}{5}$과 x가 이별할 순간이 다가왔습니다. $-\frac{1}{5}$와 x는 곱하기라는 끈끈한 정으로 연결되어 있습니다. 남들은 잘 모릅니다. 곱하기 기호가 생략되어 있거든요.

x에 곱하기로 붙어 있는 $-\frac{1}{5}$을 떼어내기 위해서는 등식의 성질이라는 연장이 필요합니다. 이 연장은 아주 공평한 방법으로 이용되는 연장입니다. 연장을 어떻게 이용하는지 잘 살펴봅시다. 그래야 다음에 여러분도 이 연장을 사용할 수 있지요.

$-\frac{1}{5}x=y-2$에서 $-\frac{1}{5}$을 없애기 위해 -5라는 도구를 이용하여 양변에 곱해줍니다. 곱해 주면 다음과 같이 만들어집니다.

$$(-5)\times\left(-\frac{1}{5}\right)\times x=(-5)\times(y-2)$$

양변에 같은 수를 곱하거나 나누어도 그 등식은 성립한다는 등식의 성질입니다.

좌변을 먼저 정리하고 우변을 정리하면 $x=-5y+10$이 됩니다. 무척 힘든 과정이었지만 여기서 끝난 것이 아닙니다. 이제 마지막 양념을 치는 단계입니다.

양념 치는 방법은 x와 y를 서로 바꾸는 것입니다. 탁탁 양념을 친 모습입니다.

$$y=-5x+10$$

먹음직스럽습니까? 모두를 역한 표정을 짓고 있군요. 그래서 이게 바로 $y=-\frac{1}{5}x+2$의 역함수 $y=-5x+10$입니다.

이런 어렵고 딱딱한 역함수에도 재미난 말장난이 있습니다. 믿기지 않는다고요? 그럼 보지요.

역함수의 성질입니다. 역함수의 역함수는 자기 자신입니다. 어떤 함수가 바보라고 칩시다. 거기서 역함수는 바보가 아닙니다. 거기다가 다시 역함수를 하면 바보가 됩니다. 복잡하게 생각하거나 따지려고 하지 마세요. 농담한 것이니까요. 하지만 역함수의 역함수는 자기 자신이라는 것은 알아두어야 합니다. 기호로 나타내면 $(f^{-1})^{-1}=f$가 됩니다. 이것도 역함수의 성질입니다.

잠시 쉬고 있는데 띵호 씨가 자신의 기호흡을 이용한 폐 활용법으로 역함수의 정의역과 치역을 알아볼 수 있다고 합니다. 그래서 나는 그렇게 하라고 했습니다. 그 말이 떨어지자 마자 띵호 씨는 어딘가에 전화를 합니다. 잠시 후. 구급차가 도착했습니다. 구급차 기사와 띵호 씨는 인사를 나눕니다. 그들은 뭔가 알고 있는 눈치인 것 같습니다. 띵호 씨가 나보고 구급차에 타라고 해서 영문도 모르고 탔습니다. 구급차가 달리고 달려 병원에 도착했습니다. 파란색 가운을 입은 의사와 띵호 씨는 인사를 나누고 엑스레이를 찍으러 들어갑니다. 나도 따라 들어오라고 하여 멍하니 그들이 하는 행위를 지켜볼 뿐입니다. 띵호 씨는 기호흡 자세를 취하고 기호흡을 합니다. 엑스레이가 띵호 씨의 폐를 찍어냅니다. 다음과 같습니다.

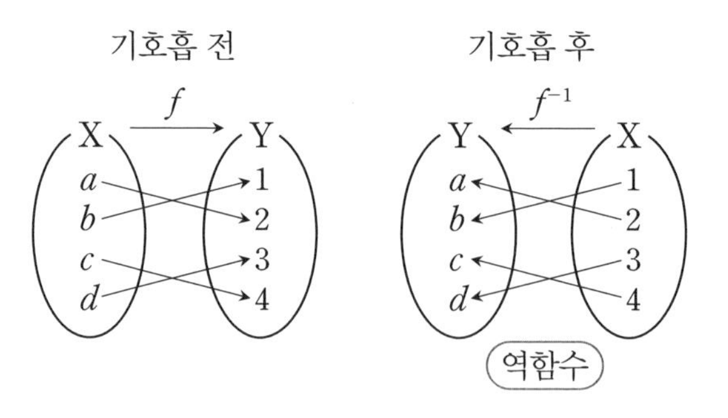

얼핏 보면 두 엑스레이 결과가 똑같아 보이지요? 하지만 자세

히 보면 다릅니다. 기의 흐름이 완전 반대이지요. 역함수가 작용한 것 같습니다. 나는 기라는 것을 눈에 보이지 않는다고 믿지 않았는데 그런 게 있나봅니다. 놀랍습니다. 그럼 이 엑스레이를 바탕으로 역함수 f^{-1}의 정의역과 치역을 구해 보겠습니다. 겁내지 마세요. 역함수라고 하면 역하게 생각하는데 선입견을 가지면 역함수를 정복할 수 없습니다. 정의역이란 X의 원소들입니다. 치역은 X의 원소들에 대응된 Y의 원소들입니다. 역함수는 그 반대로 생각하면 됩니다. 그림에서 보겠습니다. 두 그림 중에서 두 번째 그림인 역함수로 기호흡을 한 후 그림을 두 눈으로 보면 됩니다. 정의역은 Y의 원소들입니다. 그 원소들은 {1, 2, 3, 4}입니다. 역함수의 정의역입니다. 다음은 역함수의 치역으로 {a, b, c, d}가 됩니다. 어렵게 생각하지 마세요. 화살표인 대응 기호로 판단해도 됩니다. 화살표가 시작되는 원소들이 정의역이고 화살표를 맞은 녀석들이 치역입니다. 화살표에 맞았다고 피를 흘리지는 않습니다.

엑스레이 결과를 판독하였습니다. 기氣는 있는 것 같습니다. 놀랍습니다. 하지만 띵호 씨 너무 목에 힘주지 마세요. 목에 깁스한 것 같습니다.

이상으로 역함수를 마칩니다. 띵호 씨 목에 힘주는 장면이 너무 역합니다. 역하다는 말은 거슬린다는 말이고요. 역함수 할 때 역은 거스를 역逆자입니다. 그만하겠습니다. 다음 시간에 보겠습니다.

다섯번째 수업 정리

① 역함수의 존재 조건은 주어진 함수가 일대일 대응이어야 합니다.

② 함수 f: X→Y의 역함수가 존재할 때, 역함수의 정의로부터 X의 임의의 원소 x에 대하여 $y=f(x) \Leftrightarrow x=f^{-1}(y)$가 성립합니다. 그런데 일반적으로 정의역의 원소를 x, 치역의 원소를 y로 나타낼 수 있으므로 $x=f^{-1}(y)$에서 x와 y를 서로 바꾸어서 만들어 봅니다.

이차함수의 최댓값, 최솟값

이차함수를 완전제곱 꼴로 만들 수 있나요?

이차함수의 최댓값과 최솟값과 삼차함수의 그래프를 알아봅시다.

여섯 번째 학습 목표

1. 이차함수의 최댓값과 최솟값에 대하여 알아봅니다.
2. 이차함수를 완전제곱식 꼴로 만드는 법을 배웁니다.
3. 삼차함수의 그래프에 대해 알아봅니다.

미리 알면 좋아요

1. 이차항 문자의 차수가 2인 항.

2. 이차함수 함수 y가 x의 이차식으로 된 함수.

3. 완전제곱 어떤 수나 식을 제곱한 것.

4. 삼차함수 x의 함수 y가 x의 삼차식으로 된 함수.

이차함수를 완전제곱 꼴로 만들 수 있나요?

이차함수의 최댓값과 최솟값과 삼차함수의 그래프를 알아봅시다.

아니! 이차함수가 다시 돌아왔습니다. 물론 처음 보는 사람들도 있을 겁니다. 〈수학자가 들려주는 수학 이야기〉 중 《디리클레가 들려주는 함수 1 이야기》에서 이차함수에 대해서 다루었습니다. 기본개념을 알고 싶은 친구들은 함수 1의 이차함수 부분을 참조하세요. 알고 있다고 보고 이차함수의 최댓값과 최솟값에 대해 알아보겠습니다.

이차함수의 최댓값과 최솟값은 어떻게 구할까요? 이차함수의 얼굴부터 알아봅시다. 이차함수의 얼굴은 $y=ax^2+bx+c$입니다. 멀리서 봐서 ax^2항만 있다면 이차함수라고 할 수 있습니다. 다른 항은 있어도 되고 없어도 됩니다. 이차함수에서 이차가 없으면 안 된다는 말을 하고 있습니다. 이런 이차함수는 이차항의 부호에 따라 최댓값과 최솟값 중 하나만을 가집니다. 그림으로 살펴볼까요?

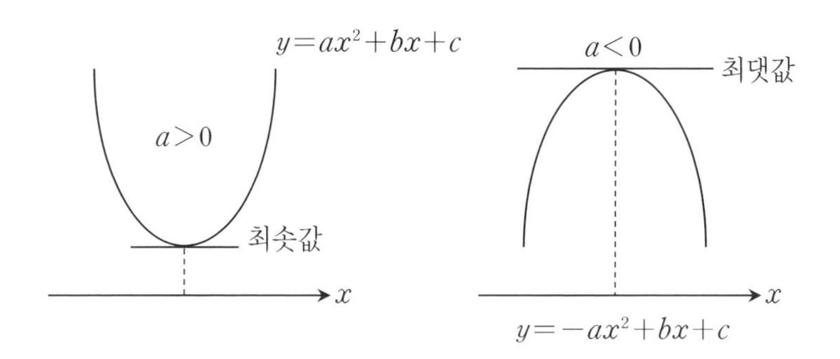

그림에서 알 수 있듯이 이차함수는 a의 부호에 따라 '꼭짓점'에서 최댓값 또는 최솟값을 가집니다. 꼭짓점의 y좌표는 $-\frac{b^2-4ac}{4a}$이므로 아래 표와 같이 정리됩니다.

	최댓값	최솟값
$a>0$	없음	$-\frac{b^2-4ac}{4a}$
$a<0$	$-\frac{b^2-4ac}{4a}$	없음

위 이차함수의 최댓값과 최솟값은 제한 변역이 없을 때, 즉 무한 도전인 셈입니다. 이제 여러분들이 좀 알기 쉽게 수를 대입한 이차함수의 두 개를 가지고 다시 알아보겠습니다. 두 개의 이차함수 $y=(x-3)^2-2$와 $y=-(x-3)^2+2$의 최댓값과 최솟값을 그래프를 이용하여 구해 보겠습니다.

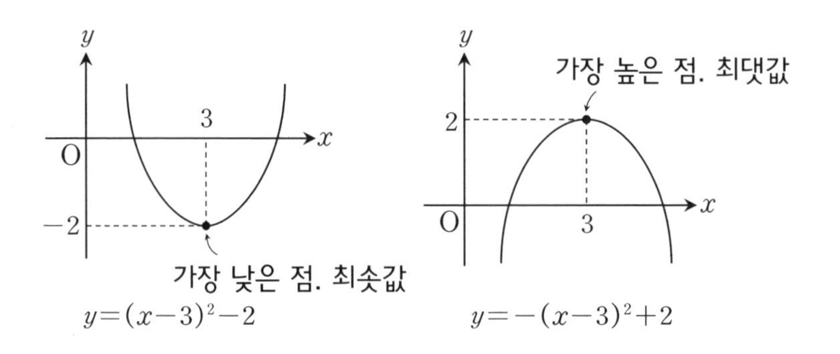

위 그림을 보면 $y=(x-3)^2-2$의 그래프는 아랫배가 나온 아래로 볼록하고 $y=-(x-3)^2+2$는 윗배가 나온 위로 볼록한 그림입니다. 여기서 가장 높은 점과 가장 낮은 점을 살펴보면

$y=(x-3)^2-2$의 경우는 가장 낮은 점은 $(3,\ -2)$이고, 가장 높은 점은 끝을 정할 수 없어 구할 수 없습니다.

$y=-(x-3)^2+2$의 경우는 가장 높은 점은 $(3,\ 2)$이고 가장 낮은 점도 끝을 정할 수 없어 구할 수 없습니다.

그래서 이차함수 $y=(x-3)^2-2$ 와 $y=-(x-3)^2+2$의 최댓값과 최솟값은 $y=(x-3)^2-2$의 경우는 $x=3$에서 최솟값이 -2, 최댓값은 없습니다. $y=-(x-3)^2+2$의 경우는 $x=3$에서 최댓값이 2, 최솟값은 없습니다.

이때 띵호 씨가 항아리 하나를 들고 옵니다. 항아리를 이용하여 이차함수의 두 가지 유형의 그래프를 쉽게 나타낼 수 있다고 합니다. 그래서 띵호 씨의 말을 들어 보도록 합니다.

다음의 띵호 씨가 말한 내용입니다. 항아리를 바로 들고 있으면 물이 양껏 담깁니다.

$a>0$이면 물을 양껏 담을 수 있는 그래프 모양입니다. ∪이 모양이 되므로 물을 양껏 담을 수 있지요. 그리고 만약 항아리를 거꾸로 들어 물을 쏟는 모양이 되면 ∩이 모양이 되어 담긴 물이 쏟아집니다. 물을 쏟게 되면 당황하게 되지요. 그래서 이 모양은 a가 음수가 되는 $a<0$입니다. 띵호 씨의 말을 종합해 보면 항아

리가 이차함수라는 뜻인데요. 그렇게 생각하면 그런 것 같기도 하네요. 저런, 띵호 씨가 항아리로 이차함수를 설명하다가 그만 비싸게 산 항아리를 떨어뜨려 깨버렸습니다. 이런 이차함수가 깨졌네요. 띵호 씨에게 미안하지만 웃음을 참을 수가 없습니다.

그런데 떨어질 때 이차함수의 최솟값이 바닥에 먼저 닿았습니까. 여러분은 보셨나요? 항아리가 깨져 슬퍼하는 띵호 씨에게 물어보기가 미안합니다. 하지만 이것도 학습에 도움이 되므로 물어봐야겠습니다.

"띵호 씨, 미안한데 바닥에 뭐가 먼저 닿았나요?"

"최솟값이요"

음, 최솟값이 먼저 닿았다면 a가 양수인 상태에서 항아리가 떨어진 경우입니다. 양껏 담긴 물까지 쏟아졌겠네요. 띵호 씨의 옷을 보니 물이 온통 묻어 있습니다. a가 양수인 $a>0$ 경우입니다.

자, 이제 농담은 그만하고 정리해 보는 시간이 돌아왔습니다.

중요 포인트

이차함수 $y=ax^2+bx+c\ (a\neq0)$의 최대와 최소

이차함수 $y=ax^2+bx+c$의 최댓값과 최솟값을 구할 때는 완전제곱 꼴, 즉 $y=a(x-p)^2+q$의 꼴로 고쳐서 생각합니다.

$a>0$이면 $x=p$에서 최솟값 q를 갖습니다.
$a<0$이면 $x=p$에서 최댓값 q를 갖습니다.

이차함수를 완전제곱 꼴로 고치는 과정은 여기서 다루지 않겠습니다. 이 말에 띵호 씨가 너무 즐거워합니다.

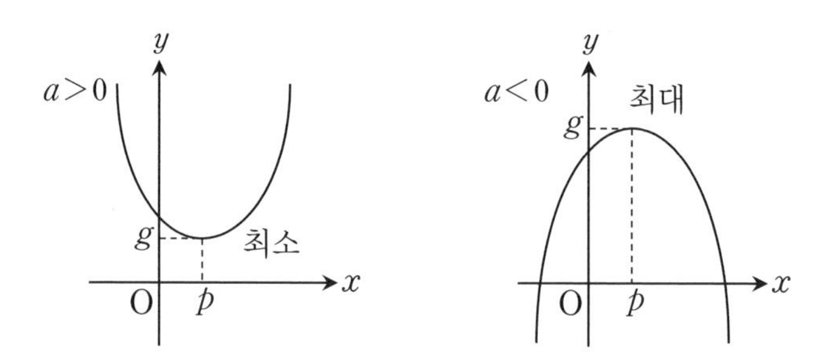

최댓값이 무한히 커질 때 최댓값은 없다고 합니다. 또 최솟값이 무한히 작아질 때 역시 최솟값은 없다고 합니다. 설명이 너무 어려워졌지요? 이것만은 기억하세요. 이차항 앞에 있는 계수문자 앞에 붙어 있는 수와 부호가 양수이면 최솟값을 가지고 이차항의 계수가 음수이면 최댓값을 가집니다.

띵호 씨가 '가진다면 돌려주지 않아도 됩니까?' 하고 물어옵니다. 말보다 주먹으로 답해주고 싶습니다.

함수 $y=f(x)$의 치역에서 최대인 값을 함수 $f(x)$의 최댓값, 최소인 값을 함수 $f(x)$의 최솟값이라고 합니다.

정의역이 실수 전체의 집합일 때, 이차함수의 최댓값과 최솟값은 이차함수의 그래프를 이용하여 구할 수 있습니다.

사실은 이차함수를 완전제곱식 꼴로 고치는 방법을 가르쳐 주어야 하는데 남아일언중천금男兒一言重千金으로 아까 안 하기로 했기 때문에 말하지 않겠습니다. 하지만 문제를 안 풀 수 없으므로 공식을 가르쳐 줄 테니 공식에 넣어 한 번 해 보고 넘어갑시다. 그래야 덜 찜찜하니까요.

이차함수 $y=ax^2+bx+c=a\left(x+\frac{b}{2a}\right)^2-\frac{b^2-4ac}{4a}$에서 x가 정수로 제한될 때 이차함수의 최댓값과 최솟값을 다음과 같이 구할 수 있습니다.

$a>0$이면 x가 $-\frac{b}{2a}$에 가장 가까운 정수일 때, y는 최솟값을 가집니다.

$a<0$이면 x가 $-\frac{b}{2a}$에 가장 가까운 정수일 때, y는 최댓값을 가집니다.

위 내용을 보고 다음 문제를 하나 풀어 봅시다. 띵호 씨도 멍하니 보고 있지 말고 같이 해 보세요.

이차함수 $y=x^2-4x+2$에서 최댓값 아니면 최솟값을 찾아보겠습니다. 일단 계산을 하기 전에 최댓값이 나올지 최솟값이 나올지 미리 알 수 있습니다. 옆에 있던 띵호 씨 '마법입니까' 하고 엉뚱한 소리를 합니다. 마법이 아니라 아까 말했지 않습니까? 이차항의 계수가 양수이면 최솟값, 이차항의 계수가 음수이면 최댓값이라고요. 이차함수 $y=x^2-4x+2$에서 이차항의 계수가 양수이니까 띵호 씨의 동공이 커지는 것을 보니 잘 모르는 것 같습니다. 이차항은 x^2입니다. 그리고 x^2앞에 $+1$이 생략되어 있습니다. $+1$은 1로 나타내기 때문에 계수로 찾아내기가 좀 헷갈리지요. 그래서 계수가 양수가 되니까 이 이차함수는 최솟값을 가집니다. 가진다고 하면 안 돌려줘도 되는지 그런 질문은 하지 마세요.

$y=x^2-4x+2=(x-2)^2-2$가 됩니다. 되는 과정을 살펴보겠습니다. x^2-4x+2에서 계수들을 a, b, c로 비교하여 나타내면 $a=1$, $b=-4$, $c=2$로 차례차례 둘 수 있습니다.

그 다음 $ax^2+bx+c=a\left(x+\frac{b}{2a}\right)^2-\frac{b^2-4ac}{4a}$ 식에 대입하여 나타내면 $y=x^2-4x+2=(x-2)^2-2$로 만들어집니다. 대입할 식의 모양은 울던 아이들 뚝 그치게 할 정도로 무섭게 생겼지만 계산 결과는 설탕물처럼 달달합니다.

그래서 그래프로 나타내 보겠습니다.

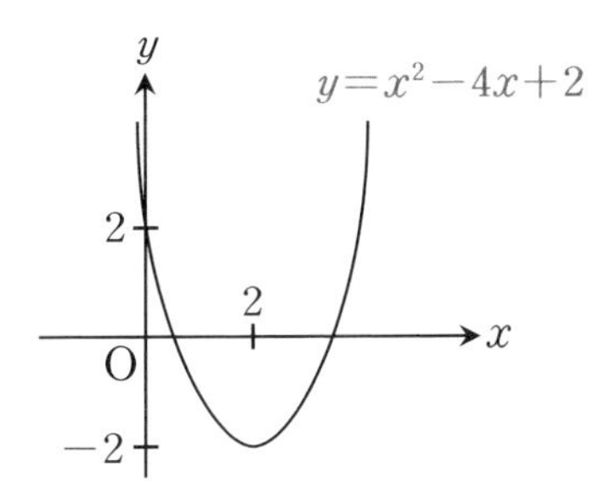

이때 주어진 이차함수의 치역이 $\{y|y\geq-2\}$이므로 이차함수 $y=x^2-4x+2$는 $x=2$일 때 최솟값 -2를 갖고, 최댓값은 없습니다.

여러분 말리지 마세요. 난 지금 띵호 씨랑 다투고 있습니다. 아까 내가 완전제곱식 꼴로 고치는 것은 배우지 않기로 했지만, 이 부분을 모르고서 이차함수의 그래프를 그리거나 최댓값, 최솟값 구하기란 쉽지가 않습니다. 그래서 내가 완전제곱식 꼴로 고치는 것을 가르치려고 하니까 띵호 씨가 못하게 시비를 거는 겁니다. 물론 여러분들의 생각도 띵호 씨랑 같겠지요. 하지만 여러분 어차피 피하지 못할 것이라면 피한다고 될 일이 아닙니다. 매도 먼저 맞는 것이 낫다고 해야 할 것은 미루지 맙시다. 자, 한번 해 봅시다. 나 디리클레가 여러분들을 돕겠습니다. 나중에 사교육비 들이지 말고 지금 해 보겠습니다.

O. K?

"O.K!"

▨완전제곱 꼴로의 변형

$$y=ax^2+bx+c=a\left(x^2+\frac{b}{a}x\right)+c=a\left(x+\frac{b}{2a}\right)^2-\frac{b^2}{4a}+c$$

여기서 잠깐 디리클레의 설명이 들어갑니다.

$$a\left(x^2+\frac{b}{a}x\right)$$

$$=a\left(x^2+ ② \times\frac{b}{②a}x\right)$$

2가 나오도록 조작함. 번거로운 놈!

$$=a\left\{x^2+2\left(\frac{b}{2a}\right)x+\left(\frac{b}{2a}\right)^2-\left(\frac{b}{2a}\right)^2\right\}$$

뒤로 가서 제곱시킴 　 좀 있다가 빠져 나감

$$=a\left(x+\frac{b}{2a}\right)^2-a\times\left(\frac{b}{2a}\right)^2$$

빠져 나옴

$$=a\left(x+\frac{b}{2a}\right)^2-a\times\frac{b^2}{4a^2}$$

$$=a\left(x+\frac{b}{2a}\right)^2-\frac{b^2}{4a}$$

여기서 잠시 계산이 중단됩니다. 띵호 씨, 아까 하지 말자고 했잖아요. 하고 띵호 씨와 내가 다시 싸우기 시작합니다. 건들고 보니 상당히 복잡해집니다. 하지만 하려고 하는 친구들을 위해서라도 어렵지만 해야 합니다. 계속 진행하겠습니다.

자, $a\left(x+\frac{b}{2a}\right)^2-\frac{b^2}{4a}+c$ 여기까지 진행하였습니다. 이제 $-\frac{b^2}{4a}+c$ 부분의 계산을 따로 떼내서 하겠습니다.

$$-\frac{b^2}{4a}+c=-\frac{b^2}{4a}+\frac{4ac}{4a}$$ 통분 시킨 결과

이제 다시 위로 돌아가서 정리해 보면 다음과 같이 됩니다.

$$a\left(x+\frac{b}{2a}\right)^2-\frac{b^2}{4a}+\frac{4ac}{4a}=a\left(x+\frac{b}{2a}\right)^2-\frac{b^2-4ac}{4a}$$

드디어 힘들게 완전제곱식 꼴의 공식이 나왔습니다. 띵호 씨와 나는 감격의 눈물을 흘립니다. 성공의 노력은 쓰나 열매는 달다는 말이 생각납니다. 흑흑.

이제 이차함수의 최댓값과 최솟값은 모두 마치고 삼차함수에 대해 알아보겠습니다. 삼차함수 그래프는 고학년 때 배우는 것이므로 간단히 다루려고 합니다. 띵호 씨 옆에서 말에 책임을 지라고 하네요. 이번에는 꼭 지키겠습니다. 삼차함수 들어갑니다.

▨삼차함수 $y=ax^3$의 그래프

삼차함수 $y=x^3$과 $y=-x^3$의 그래프를 그려보면 아래의 그림과 같습니다.

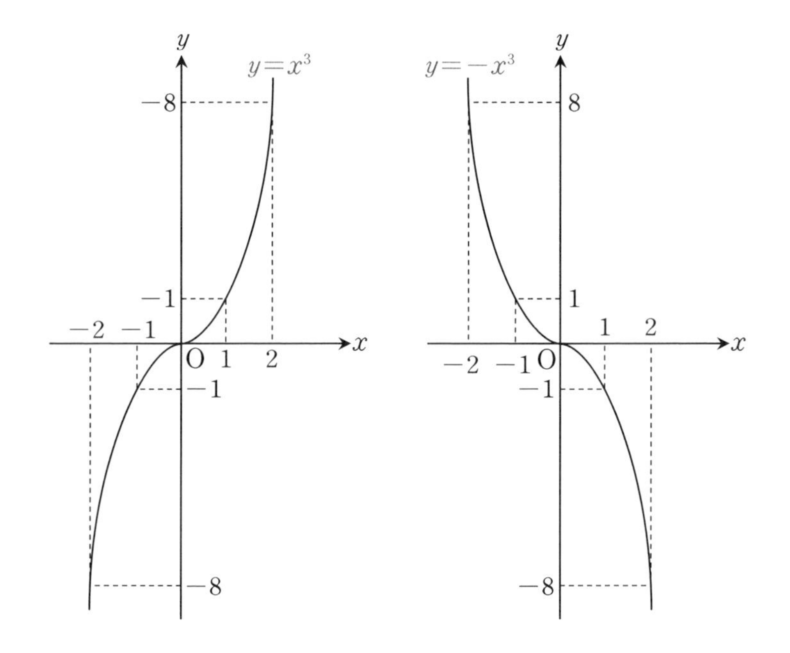

잠깐 잠깐 띵호 씨가 나에게 질문을 던집니다. 마침 내가 장갑을 끼고 있어서 띵호 씨의 질문을 놓치지 않고 받았습니다. 어떤 질문이냐 하면 $y=x^3$이 삼차함수라고 하니까 삼차함수인 것은 알겠는데 어떻게 저런 그림이 나오는지를 알려달라고 합니다. 생각해보니까 그런 질문을 던질 수도 있겠네요. 좌표평면에 그려진 모든 함수들은 점들로 만들어져 있습니다. 무수히 많은 점들의 집합이라고 볼 수 있지요. 그래서 하는 소린데 $y=x^3$라는 식에 1, 2, 3, 4, 5, 6, …을 x자리에 대입하면 그에 대응되는

y점들이 생깁니다. 하나만 해 보겠습니다. 어떤 수가 마음에 드세요? 3이 마음에 든다고요? 그럼 x자리에 3을 대입시키면 y의 값은 $3\times3\times3=27$이 됩니다. x^3은 $x\times x\times x$이니까요. 나머지 모든 수들도 이런 대응되는 값들을 가집니다. 그 점들을 연결시켜 보면 $y=x^3$라는 삼차함수의 그래프가 생깁니다. 다른 함수들도 마찬가지입니다.

대입만 잘해도 자다가도 떡은 안 생기고 함수의 그래프가 생깁니다.

더 이상 삼차함수는 배우지 않습니다. 하지만 삼차함수 $y=ax^3$의 그래프에 대한 이력은 한 장 써 주는 것이 수학계의 예절입니다.

중요 포인트

삼차함수 $y=ax^3\,(a\neq0)$의 그래프

- 원점에 대하여 대칭입니다.
- $a>0$일 때, x의 값이 증가하면 y의 값도 증가합니다.
  $a<0$일 때, x의 값이 증가하면 y의 값은 감소합니다.
- a의 절댓값이 클수록 y축에 가깝습니다.

참고로 절댓값이란 부호를 뗀 값이라고 생각하면 됩니다. 뭔 소리냐고요? 예를 들어 보면 −2의 절댓값은 2가 됩니다. 부호를 뚝 떼버리니까 어떤 사람들은 절댓값을 원점 사이의 거리라고도 말합니다. 어떻든 다 싫은 소리임에는 틀림이 없습니다.

띵호 씨 뭐합니까? 이번 수업을 마치고 다음 수업으로 넘어가야지요. 이때 띵호 씨도 할 말이 있다고 합니다.

"삼차함수는 살짝함수라고 볼 수도 있습니다."

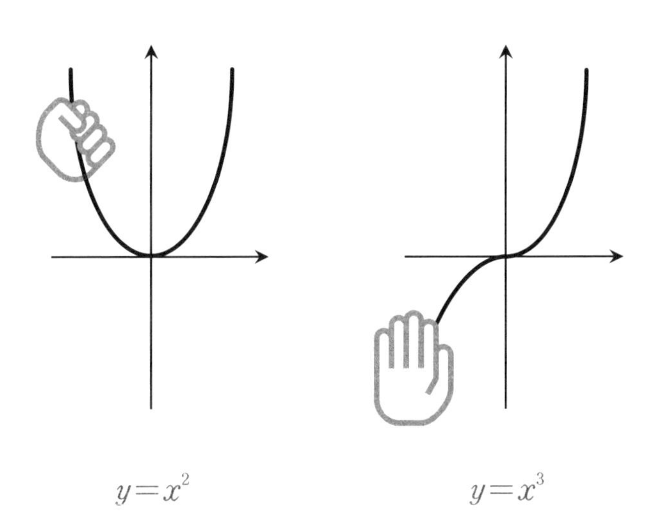

무슨 말을 하는 것일까? 띵호 씨 이차함수의 그림을 가져와서 꼭짓점을 중심으로 좌우대칭으로 반을 뚝 뗍니다. 떼 낸 한쪽 부분을 아래로 뒤집어서 꼭짓점에 갖다가 붙입니다.

"이렇게 하면 이차함수가 삼차함수로 변해요. 그래서 삼차함수를 살짝 떼서 붙인 살짝함수라고 생각합니다. 살짝함수요."

그럴듯하네요. 다음 수업으로 넘어갑니다. 띵호 씨 자신을 무시한다며 달려듭니다. 눈이 뒤집힌 것을 보니 빨리 이 자리를 피해야겠습니다.

여섯번째 수업 정리

1 이차함수 $y=ax^2+bx+c\ (a\neq 0)$의 최댓값과 최솟값을 구할 때는 완전제곱 꼴로 고쳐서 생각합니다. 즉, $y=a(x-p)^2+q$의 꼴로 고쳐서 생각합니다.

2 이차함수 $y=ax^2+bx+c=a\left(x+\frac{b}{2a}\right)^2-\frac{b^2-4ac}{4a}\ (a\neq 0)$에서 x가 정수로 제한될 때 이차함수의 최댓값과 최솟값을 다음과 같이 구할 수 있습니다.

- $a>0$이면 x가 $-\frac{b}{2a}$에 가장 가까운 정수일 때 y는 최솟값을 가집니다.
- $a<0$이면 x가 $-\frac{b}{2a}$에 가장 가까운 정수일 때 y는 최댓값을 가집니다.

3 삼차함수 $y=ax^3\ (a\neq 0)$의 그래프

- 원점에 대하여 대칭입니다.
- $a>0$일 때, x의 값이 증가하면 y의 값도 증가합니다.
  $a<0$일 때, x의 값이 증가하면 y의 값은 감소합니다.
- a의 절댓값이 클수록 y축에 가깝습니다.

7 교시

함수와 그래프

다른 함수의 그래프들은 어떤 것들이 있을까요?
절댓값 기호가 있거나 가우스 기호가 있는 함수의 그래프를 알아봅시다.

일곱 번째 학습 목표

1. 절댓값 기호가 있는 함수의 그래프에 대해 알아봅니다.
2. 가우스 기호가 있는 함수의 그래프에 대해 알아봅니다.

미리 알면 좋아요

1. 절댓값 3이나 −3은 절댓값이 모두 3입니다. 수직선 위에서 절댓값은 원점과 어떤 수를 나타내는 점 사이의 거리를 뜻합니다.

2. 대칭이동 점이나 도형을 그것과 대칭인 점이나 도형으로 옮기는 것.

3. 가우스 독일의 수학자 역사상 매우 위대한 수학자 가운데 한 사람입니다.

이번 수업을 준비하기 위해 띵호 씨와 나는 먹을 갈고 있습니다. 함수의 그래프를 그리려면 수학 화가가 되어야 합니다. 수학 화가라는 말을 처음 들어 봅니까? 그만큼 여러분들이 수학을 싫어한다는 소리입니다. 함수의 그래프를 잘 그리기 위해 생긴 모임이 바로 수학 화가 모임입니다. 띵호 씨와 나도 그 모임의 회원입니다. 우리는 그 모임 중에서 수학 동양화 모임이지요. 우리 모임은 주로 함수의 그래프에 대한 선의 아름다움을 배우고 그리며

연구하고 있습니다. 이때 경찰이 나타나서 우리들에게 거짓말을 더 이상하면 잡아가겠다고 해서 이만 멈추고 단지 먹을 이용하여 함수의 그래프를 그리겠습니다. 이번 수업을 진행하도록 하겠습니다.

절댓값 기호를 포함한 식의 그래프에 대해 알아봅니다.

절댓값 기호를 포함한 식의 그래프는 절댓값 기호 안을 0으로 하는 값을 경계로 구간을 나누어 그립니다.

수학을 말로만 해서 이해할 수 있는 사람이 몇이나 되겠습니까? 예를 들어 보여 주겠습니다. $y=|x-2|$의 그래프를 그려보겠습니다. $y=|x-2|$에서 절댓값 기호 안을 0으로 하는 x의 값은 2입니다. $x-2=0$으로 두면 그 결과가 2라는 뜻이지요.

절댓값 안을 0으로 만드는 값에서 이 그래프의 그림이 꺾인다고 생각하시면 됩니다. 옆에서 띵호 씨 마치 브레이크 댄스를 추듯이 손목 관절을 꺾어 보입니다. 하지만 난 관심 없습니다.

2를 기준으로 $x \geq 2$ 일 때, $x-2 \geq 0$이므로 $y=x-2$입니다. $|\quad|$ 안이 양수이면 절댓값 기호는 그냥 사라집니다.

$x<2$일 때, $x-2<0$이므로 절댓값 안이 음수이므로 ( ) 괄호 앞에 음수를 달고 나옵니다. 수학은 말이죠. 이해가 안 될 때는 푸는 과정을 잘 알아두어서 똑같은 상황에 적용하는 방법도 있습

니다. 이해가 안 되면 과정을 암기하세요. 때로는 암기가 필요합니다. 절댓값 안이 음수라는 데 염증 반응이 일어나면 |　　|을 없애는 대신 ( )로 만들고 ( ) 앞에 －를 붙여 주면 됩니다. 여러 번 해 보면 스타크래프트 게임처럼 익숙하게 됩니다. 그럼 이런 계산을 즐길 수 있게 되는 겁니다.

$x-2<0$, $y=-(x-2)=-x+2$ 따라서 두 가지 경우를 종합하여 $y=|x-2|$의 그래프를 다음과 같이 그릴 수 있습니다. 여러분이 보기에는 그냥 선이지만 이 선은 띵호 씨와 내가 3시간 동안 간 묵을 이용하여 화선지에 그린 그림입니다. 꺾이는 선이 이 그림의 핵심입니다. 놀라운 필치라고 할 수 있지요. 절댓값 기호를 포함하는 식의 그래프는 꺾이는 손맛에 있습니다.

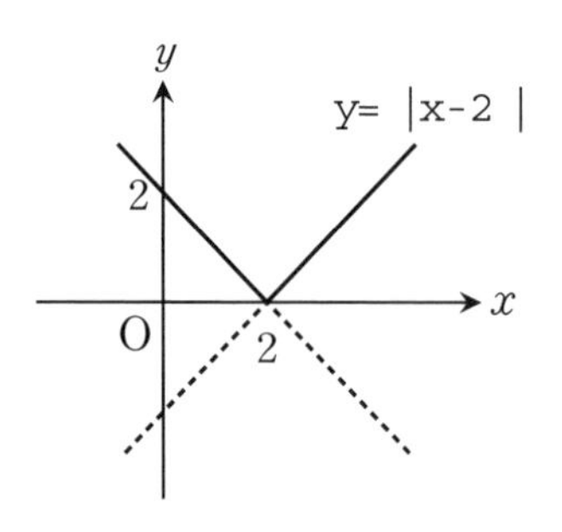

자, 이제는 대칭을 이용한 절댓값 기호를 포함한 식의 그래프를 대칭을 이용하여 그려 보겠습니다. 대칭은 '데칼코마니' 라고 생각합니다. 데칼코마니는 수학 화가들의 한 기법이기도 합니다. 그때 마침 경찰이 지나갑니다. 나는 잠시 말을 멈춥니다. 작은 소리로 말합니다. 나중에 대칭을 데칼코마니를 이용하여 설명할게요.

$y=|f(x)|$의 그래프부터 살펴보겠습니다.

일단 원 함수의 그래프인 $y=f(x)$의 그래프를 그려야 합니다. 그리고 $y\geq 0$인 부분은 그대로 두고, $y<0$인 부분만 x축에 대하여 대칭 이동합니다.

그림을 통해 알아봅시다.

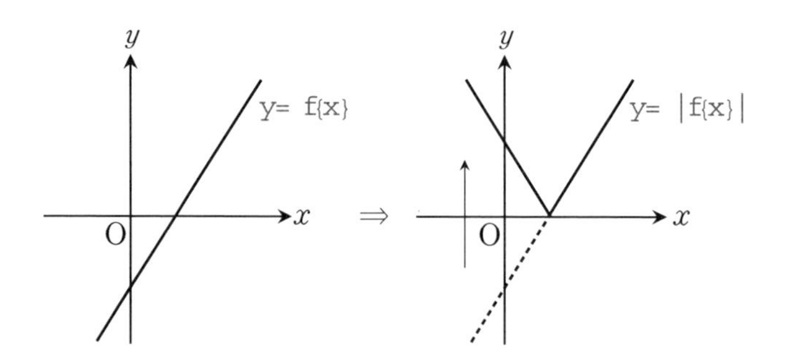

쉿! 경찰이 갔네요. 이제 비밀 결사모임인 수학 화가들의 기술인 데칼코마니로 설명을 하겠습니다. 다른 사람에게는 비밀입니다. 일단 식에서 $f(x)$에 절댓값 기호 $|\quad|$가 있으니 $y=f(x)$에서 $f(x)$를 양수로 만들라는 말이지요. 그러니 y의 값도 양수라는 소리입니다. 그래서 그래프에서 y축의 음수 지역을 양수로 만들어야 합니다. 그림에서 보이지요? 밑에 있는 것, 그래 바로 그곳입니다. 손으로 짚었지요? 그것을 위로 올릴 것인데 일단 밑에

있는 선에 색깔을 덧칠하세요. 다른 종이를 위에 대면 묻어날 수 있게요. 자, 색을 덧칠했으면 x축을 중심으로 접어서 데칼코마니 해 보세요. 그러면 위쪽에 선이 하나 찍히지요? 우리 수학 화가들이 쓰는 방법입니다. 절댓값 기호가 있는 함수의 그래프에서 우리끼리 쓰는 방법이니 절대로 다른 사람에게는 말하지 마세요. 절대로! 그래서 절댓값 기호가 있는 그래프입니다.

어떤 정보가 샜는지 경찰이 우리 주변을 순찰합니다. 그래서 다시 교과서에나 나올 법한 설명으로 돌아가겠습니다. $y=f(|x|)$의 그래프를 설명하겠습니다. 경찰이 주변을 지나가자. 띵호 씨는 휘파람을 불며 딴 짓을 하는데 그런 행동이 더 의심을 받을지 몰라서 불안합니다.

일단 처음 방법과 같이 $y=f(x)$의 그래프를 그려야 합니다. 이제 x만 절댓값 기호가 있다는 것은 반대로 y축 대칭을 의미합니다. 그리고 $|x|$에서 꺾이는 부분은 $x=0$인 지점입니다. 그래서 $x<0$인 부분을 없애고 $x\geq 0$인 부분만 남깁니다. 갔어요. 경찰이 갔습니다. 그럼 이제부터 우리의 방법입니다. 일단 x의 음수 지역을 없앨 것이므로 x 양수 지역의 선에 덧칠하세요. 물감 아끼지 마세요. 그리고 y축으로 데칼코마니 합니다. 잘 찍혔습니

다. 그림은 밑에 있습니다.

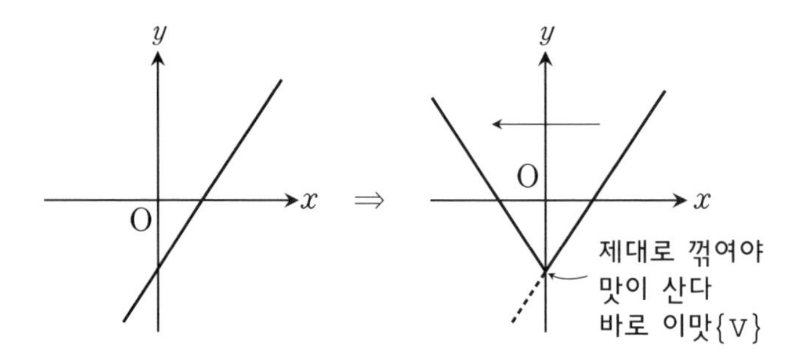

경찰은 갔지만 일단은 기본 설명은 먼저 쭈욱 하겠습니다.

$|y|=f(x)$의 그래프는 $y=f(x)$의 그래프를 그립니다. 이건 다 똑같습니다. 모든 사람이 다 공기를 마시는 것 같다고 보면 됩니다. $y<0$인 부분을 없애고 $y\geq 0$인 부분만을 남깁니다. y에 절댓값 기호가 있다는 말은 반대로 x 축 대칭이라고 보면 됩니다. 이제는 여러분도 우리 비밀결사인 수학 화가 모임에 가입한 것입니다. 그래서 여러분들이 다음 그림을 보고 어디에 덧칠하고 어디를 접을지 생각하세요.

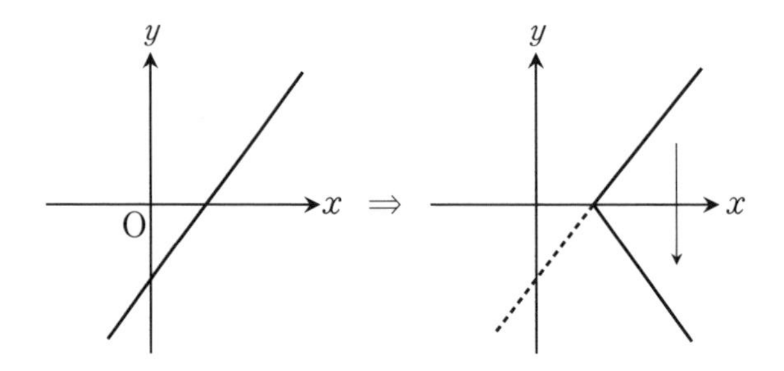

데칼코마니할 축이 x축이니까 y축의 양수 부분에 색을 칠하고 x축을 접어서 아래로 찍어 버리세요. 잘 찍혔지요?

이제 마지막 절댓값 기호를 포함한 식의 그래프입니다.

$|y|=f(|x|)$의 그래프 역시 $y=f(x)$의 그래프를 그립니다. $x\geq0$, $y\geq0$인 부분만 남깁니다. x축, y축 및 원점에 대하여 각각 대칭 이동시키며 선을 찍어 냅니다.

다음과 같이 나옵니다.

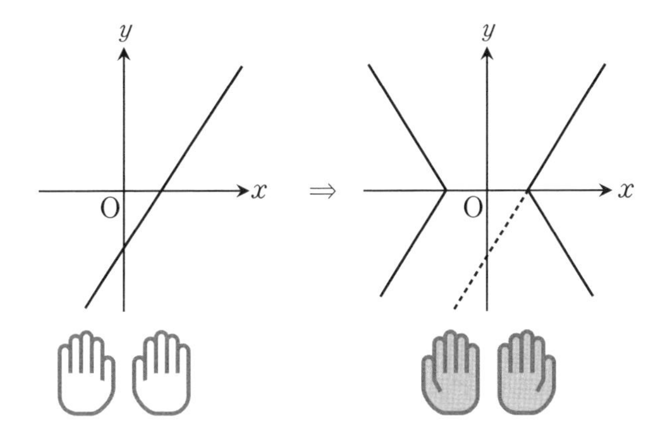

그림 밑의 손은 우리들의 손입니다. 데칼코마니 한다고 물감이 묻어서 그렇습니다.

절댓값 기호를 포함하는 함수의 그래프는 다 마친 셈입니다. 하지만 가우스 함수의 그래프를 알아봐야 합니다. 이것 역시 장난이 아닙니다. 하지만 여러분들을 생각하여 너무 깊이 다루지는 않겠습니다. 힘을 내어 봅시다.

▨ 가우스 함수

실수 x에 대하여 x보다 크지 않은 최대의 정수를 $[x]$로 나타냅니다. [ ]를 가우스라고 하고, $[x]$를 가우스 x라고 읽습니다.

따라서 정수 n에 대하여 $n \leq x < n+1$일 때, $[x]$의 값은 $[x]=n$이 됩니다.

이때, 실수 x에 대하여 $[x]$의 값은 단 하나 존재하므로 x에서 $[x]$로의 대응은 함수이고, 이 함수 $f(x)=[x]$를 가우스 함수라고 합니다.

머리에 혈액이 몽땅 몰리는 것 같지요. 가우스 함수 너무 어렵습니다. 마치 실성해서 웃을 정도로요. 위의 말을 다 이해하지는 못했을 것입니다. 하지만 그래프를 통해 '이런 것이 가우스 함수의 그림이구나' 만 알아도 됩니다. 아직 우린 어리잖아요. 가우스 함수를 통해 뇌에 심한 압박을 줄 나이는 아니거든요. 가우스 함수의 그래프만 좀 알아보고 이번 수업에도 뇌에 산소를 공급하겠습니다.

함수 $y=[x]$의 그래프를 그려보겠습니다.

n이 정수일 때, 가우스 함수에서는 정수란 말이 키포인트입니다.

$n \leq x < n+1$이면 $[x]=n$이므로 x가 정수가 되는 값을 경계로 범위를 나누어 $[x]$의 값을 계산하면 다음과 같습니다.

$-2 \leq x < -1$ 일 때, $y=[x]=-2$

$-1 \leq x < 0$ 일 때, $y=[x]=-1$

$0 \leq x < 1$ 일 때, $y=[x]=0$

$1 \leq x < 2$ 일 때, $y=[x]=1$

$2 \leq x < 3$ 일 때, $y=[x]=2$

따라서 함수 $y=[x]$의 그래프는 다음과 같이 계단형으로 나타납니다.

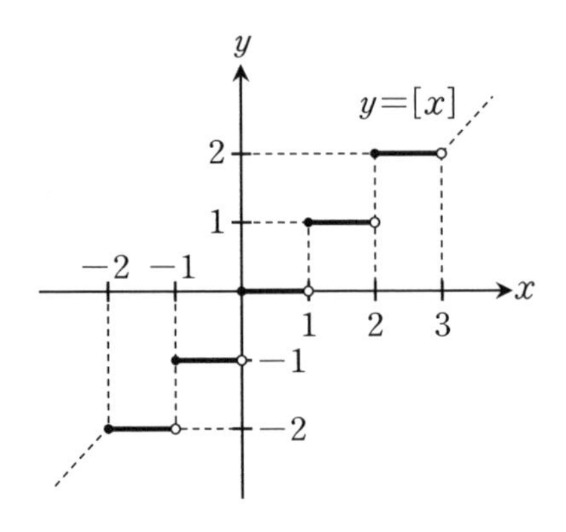

저 계단의 끝은 마법의 성으로 가는 계단이라고 합니다. 아 죄송합니다. 뇌에 피가 너무 몰려 말이 헛 나왔습니다. 이번 수업을 관두겠습니다. 읍, 가우스 함수로 인해 뇌에 손상이 왔나 봅니다.

관두겠다는 게 아니라 이번 수업을 마치겠다는 것입니다. 뇌에 산소를 공급하고 다음 수업에서 만나도록 하겠습니다. 띵호 씨는 들것에 실려 갑니다. 가우스 함수를 시작하자마자 기절 상태입니다. 다음 수업에서 정신 차려 만나도록 합시다.

일곱번째 수업 정리

가우스 함수

실수 x에 대하여 x보다 크지 않은 최대의 정수를 $[x]$로 나타냅니다. [ ]를 가우스라고 하고, $[x]$를 가우스 x라고 읽습니다.

따라서 정수 n에 대하여 $n \leq x < n+1$일 때, $[x]$의 값은 $[x]=n$이 됩니다.

이때 실수 x에 대하여 $[x]$의 값은 단 하나 존재하므로 x에서 $[x]$로의 대응은 함수이고, 이 함수 $f(x)=[x]$를 가우스 함수라고 합니다.

유리함수와 그래프

여덟 번째 학습 목표

1. 유리함수에 대해 공부합니다.

미리 알면 좋아요

1. 점근선 곡선에 점점 가까이 가는 직선. 곡선 위에 있는 점이 원점에서 점점 멀어질 때 그 점에서 한 직선에 이르는 거리가 무한히 0에 가까워지면 이 직선은 원래 곡선의 점근선입니다.

2. 평행이동 한 도형을 일정한 방향으로 일정한 거리만큼 이동하는 변환.

3. 반비례 역수로 비례하는 관계. x와 y가 반비례하면 x가 늘어날수록 y는 줄어듭니다.

아쉽지만 이번이 마지막 수업입니다. 아쉬워서 눈물이 나는 것 같습니다. 갑자기 내가 띵호 씨를 팍 쳐다보니까 띵호 씨 즐거운 미소를 짓다가 우울한 척합니다. 여러분도 그런가요? 나만 아쉬운 겁니까? 너무 하네요. 그간 정이 들었는데 하긴 수학으로 맺어진 정이 어디 오래가겠습니까?

자, 그럼 빨리 마치도록 할게요

"띵호 씨, 이번만은 제발 집중하세요"

다음 분수함수 $y=\frac{2x+3}{x+1}$의 그래프를 그려 봅시다. 하하, 여러분들이 아쉬워하지 않기에 나도 기분이 나빠 개념 설명 없이 바로 들어갑니다.

제목에는 분명 유리함수라고 해놓고 보기에는 분수함수라고 되어 있냐고요? 유리수를 분수라고 할 수 있습니다.

분수함수에서 정의역이 나와 있지 않으면 분모를 0으로 하는 원소를 뺀 실수의 집합을 정의역으로 합니다. 말이 좀 어렵지요. 정의역은 x의 범위라고 대충 생각하기로 합니다. 때로는 문제를 풀거나 다룰 때 개략적으로 생각하는 것도 도움이 됩니다.

실수라는 말도 등장했는데 실수는 유리수보다 더 큰 형님 같은 범위입니다. 수의 범위에서 넘버 몇 번째 가는 수의 집합이지요. 아마 자연수가 가장 작은 범위의 막내입니다. 자, 이제 이런 분수함수를 좌표평면에 어떻게 달래서 나타낼 수 있을까요? 이런 속담 알고 있나요. 말을 물가로 끌고 갈 수 있어도 물을 먹일 수는 없다고. 뭐 말이 아니고 소라고요? 소든 말이든 그런 속담을 알고 있군요. 그렇습니다. 분수함수도 자신이 직접 해 보지 않고는 좌표평면에 그릴 수가 없습니다. 내가 그 과정을 한번 쭈욱 보여 주겠습니다. 잘 보세요. 눈에 힘을 주세요.

$$y=\frac{2x+3}{x+1}=\frac{2(x+1)+1}{x+1}=2+\frac{1}{x+1}$$

소를 끌고 와서 물을 먹이는 장면처럼 생각됩니까? 거의 모든 문제집에 이렇게 설명되어 있습니다. 그러나 이런 방법으로 소에게 물을 먹이기는 너무 힘듭니다. 소에게는 물을 먹이려면 갈증나게 해야 합니다. 즉, 소의 본능에 자극을 주어야 합니다. 분수함수의 본능은 무엇일까요? 분수의 본능은 나누기입니다. 예를 들어 볼까요?

$\frac{1}{2}$은 $1 \div 2$이지요. 초등학교 수학 시간 때 배웠습니다. 초등학생 때의 원초적 본능을 여기다가 쏟겠습니다. $y=\frac{2x+3}{x+1}$을 다시 본능적으로 다루겠습니다.

저 묵직한 분수를 보세요. 관계없습니다. 분자가 $2x+3$이고 분모는 $x+1$이지요. 분수는 분자 나누기 분모이니까 원시 본능에 그대로 따르세요.

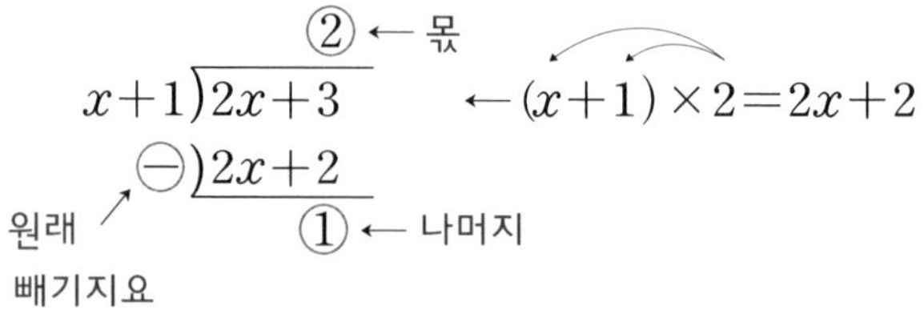

② ← 몫

$x+1\overline{)2x+3}$ ← $(x+1) \times 2 = 2x+2$

⊖ $2x+2$

원래 빼기지요

① ← 나머지

마치 수를 나누듯이 식을 나누세요. 단지 그렇게 하세요. 본능에 충실히 미끄러지듯이요.

다시 이해해 봅시다. 식을 주세요.

$$y=\frac{2x+3}{x+1}=2+\frac{1}{x+1}$$

이 식의 등장은 위에서 우리가 식을 나눈 결과를 정리해서 나타낸 것입니다. 몫은 따로 목을 날리듯이 떨어져 더해집니다. 나머지는 분모 $x+1$에 올라간 모습으로 나타내면 됩니다. 그런데 여기서 생긴 의문 하나, 왜 별 생각 없이 가만히 있는 분수식을 몫을 날리고 나머지를 만들어 위로 올리고 하는 것일까요? 다 이유가 있습니다. 원래 우리가 알고 싶은 것이 분수함수의 그래프, 즉 좌표평면에 그려지는 그림이 보고 싶었던 것입니다. 그래서 원래 식으로 그런 그림을 그리기에는 역부족입니다. 그래서 식을 부득이하게 고치는 것입니다. 이렇게 고치고 나면 분수함수를 쉽게 그릴 수 있습니다. 단 지금부터 내가 일러 주는 방식대로 한다면 말입니다.

주목하세요. $y=2+\dfrac{1}{x+1}$ 여기서 생각해야 그림을 그릴 수가 있습니다.

$x+1$의 분모를 0으로 만드는 x의 값은 $x+1=0$에서 $x=-1$입니다. $x=-1$이라는 것을 알았으니 좌표평면의 x축의 -1자리에 수직이 되도록 선을 하나 쭈욱 긋습니다. 너무 힘주지 마세요. 종이가 찢어집니다. 그리고 식에서 보면 2가 보이지요? 몫에서 생긴 2말입니다. 그것을 이용하여 y축의 2에 수직이 되도록 또 쭈욱 그으세요. 그럼 십자 모양의 선이 교차하게 됩니다. 이것

을 나중에 점근선이라고 부릅니다. 나중까지 가지 말고 지금 한 번 불러 보세요. 점근선! 정말 점근선은 대나무처럼 곧습니다. 점근선을 그렸다면 사실 이 함수를 다 그린 것이나 마찬가지입니다. 화룡점정畵龍點睛이라는 말을 알고 있나요? 동양에서 나온 말이지요. 동양인이 모르면 됩니까? 어떤 화가가 용을 그렸는데 너무 실감이 나서 눈을 탁 그리니까 용이 되어 날아갔다는 이야기 모르세요? 그래서 내가 그 화가에게 앞으로 용을 그릴 때 눈을 그리지 말라고 했습니다. 눈만 그리면 날아가니까요. 하하하, 농담이고요. 분수함수의 그래프에서도 이것만 알면 분수함수의 그래프에서 마지막 마무리가 된다는 것을 알려주려고 합니다.

식으로 돌아가서 $\frac{1}{x+1}$ 부분만 보세요. 분자에 1이 있지요. 수는 상관하지 말고 양수인지 음수인지만 가려 봅시다. 1은 분명 양수 맞지요. 이제 이 사실을 가지고 분수함수를 그려 보겠습니다.

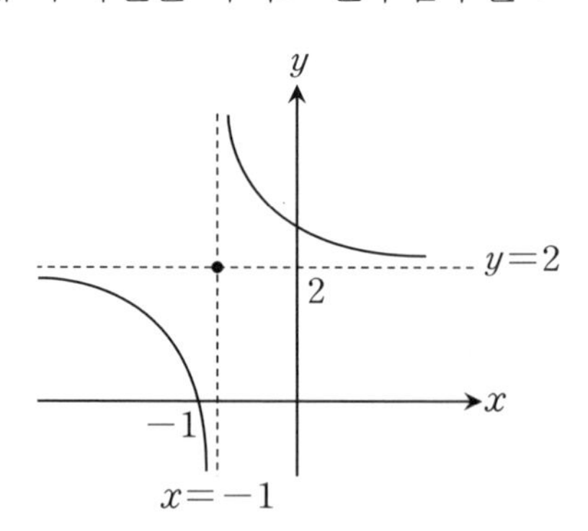

이제 그림을 보고 좀 정리해 보면 점근선의 모습은 십자형태의 교차되는 직선으로 나와 있지요. 그리고 그 선들은 점선처리 되었습니다. 그런데 두 개의 쌍곡선이 등장했지요. 그게 바로 분수함수의 모습입니다. 매끄럽게 생긴 곡선입니다. 그것도 쌍으로요. 여기서 좀 더 정리해 봅시다. 점근선을 중심으로 평면이 4개의 지역으로 나누어집니다. 단, 점근선을 중심으로 봤을 때 나누어지는 4개의 지역을 생각합니다. 어렵네요. 그림에서 다시 설명합시다. 밑에 그림을 보세요.

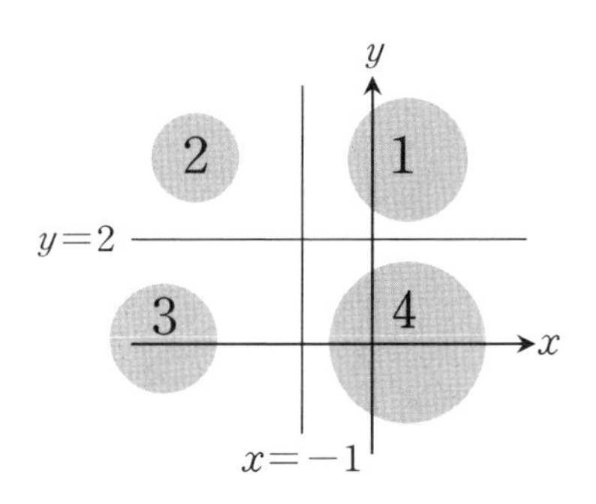

그림을 다시 봅시다. 원래 좌표평면은 보지 말고 점근선을 중심으로 새로 생긴 4개의 지역을 중심으로 1사분면과 2사분면, 3사분면, 4사분면이 뉴페이스로 등장합니다. 이 4개의 뉴페이스에서 생각을 해야 합니다. 무슨 생각이냐면 아까 말한 $\frac{1}{x+1}$의 분자 지역이 양수이면 새로 생긴 뉴페이스의 1과 3사분면에 매끄러운 쌍곡선을 그려 넣습니다. 그 선의 양끝은 점근선에 가깝게 붙지만 절대 붙지 않습니다. 판타지한 이야기 같지요. 이론상 그렇다고 하는군요. 그럼 여기서 다시 생각을 좀 해 보겠습니다. 만약 분자가 음수라고 한다면 당연 수학의 특성상 반대인 지역, 2와 4사분면에서 매끄러운 쌍곡선이 생깁니다. 물론 그 친구도 점근선에 가깝게 다가가지만 영원히 만날 수 없어요. 마치 그리스 로마 신화 같은 이야기네요. 영원히 그들은 만나지 못하다니, 분수함수와 점근선의 가슴 아픈 사연이군요.

이제 이 모든 것을 한 번 정리해 보도록 합니다.

$y=\frac{2x+3}{x+1}$의 그래프는 $y=\frac{1}{x}$의 그래프를 x축 방향으로 -1만큼, y축 방향으로 2만큼 평행 이동한 것입니다. 그리고 점근선은 (분모)$=0$, 즉, $x+1=0$과 $y=$(분모, 분자의 일차항의 계수의 비), 즉 $y=\frac{2}{1}=2$입니다.

아시겠습니까? 쭈욱 설명을 하다가 중간에 이렇게 물어보는 선생님이 제일 싫지요? 미안합니다. 앞으로는 주의하겠습니다.

분수함수 $y=\frac{2x+3}{x+1}$은 $y=\frac{1}{x}$을 평행 이동해서 만든 것이라는 사실에 많이 놀랐을 것입니다. 하하, 사실 아무 생각 없이 읽고 있었지요? 다 압니다. 이제라도 집중합시다.

연예인 과거사진 성형 전, 성형 후에 폭발적 관심을 가지는 학생이라면 이제부터 수학의 성형에도 관심을 가집시다. $y=\frac{1}{x}$의 함수 그래프가 성형으로 인하여 $y=\frac{2x+3}{x+1}$이렇게 달라졌습니다. 과거 성형전의 모습을 찾을 수가 없습니다. 마치 연예인들의 과거처럼 말입니다.

우와, 달라도 너무 다르네요. 그러니까 우리가 그 모습을 그리기가 힘듭니다.

하지만 연예인들도 그 형태와 윤곽을 잘 살펴보면 비교할 수 있듯이 분수함수의 그래프 역시 점근선을 잘 살펴보면 비교할 수 있습니다. 수학과 일상생활은 이렇게 밀접한 관계를 가지고 있다는 것을 실감했지요. 세상은 아는 만큼 보이는 것입니다.

그런데 잠시 분수함수의 성형 전 모습, $y=\frac{1}{x}$이 어디서 본 듯한 얼굴 같은데요? 어디서 봤더라. 기억이 날 듯 말 듯 한데. 아냐, 분명 어디서 본 얼굴이야.

이때 띵호 씨 어떤 사진을 하나 들고 허겁지겁 달려와서 나에게 보여 줍니다.

헉-- 나는 놀라서 사진을 떨어뜨립니다.

그렇습니다. 나를 놀라게 한 사진의 주인공은 바로 반비례 함수입니다. 왜 내가 반비례 함수를 보고 놀란 것일까요?

반비례 함수에 대해 배워 보고 내가 놀란 이유를 알아봅시다.

중요 포인트

반비례 함수 $y=\frac{a}{x}(a\neq 0)$의 그래프

1. $x\neq 0$이므로 원점을 지나지 않는 한 쌍의 매끄러운 곡선 입니다.
2. $a>0$일 때
   그래프는 제 1사분면과 제 3사분면 위에 있습니다. x의 값이 증가하면 y의 값은 감소합니다.
3. $a<0$일 때
   그래프는 제 2사분면과 제 4사분면 위에 있습니다. x의 값이 증가하면 y의 값도 증가합니다.
4. a의 절댓값이 커질수록 그래프가 원점에서 멀리 떨어집니다.

위에 설명한 반비례 함수의 그래프가 분수함수의 그래프랑 똑같지요? 그래서 내가 반비례함수의 그래프 사진을 보고 놀란 것입니다. 반비례함수가 바로 분수함수였습니다. 성형을 하니 내가 몰라 본 것입니다. 수학자인 나도 성형한 모습을 보고 구별을 못할 정도인데 여러분은 어떻겠습니까? 하하 중학교 1학년 때 배우

는 반비례 관계의 함수가 바로 고등학교 1학년 때 배우는 분수함수입니다.

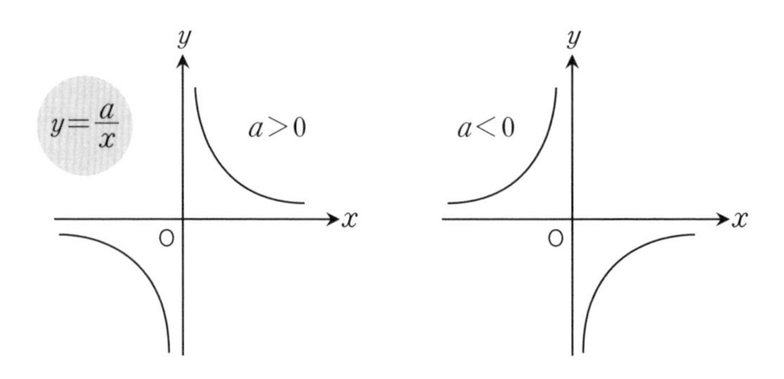

끝으로 분수함수의 성형 전의 모습 반비례 $y=\frac{a}{x}$ $a\neq0$의 그래프를 사진으로 올려놓고 모든 수업을 마치도록 하겠습니다. 모두들 함수를 배운다고 수고했습니다.

여덟번째 수업 정리

반비례함수 $y=\frac{a}{x}$ $a\neq0$의 그래프

- $x\neq0$이므로 원점을 지나지 않는 한 쌍의 매끄러운 곡선입니다.
- $a>0$일 때 그래프는 제 1사분면과 제 3사분면 위에 있습니다.
  x의 값이 증가하면 y의 값은 감소합니다.
- $a<0$일 때 그래프는 제 2사분면과 제 4사분면 위에 있습니다.
  x의 값이 증가하면 y의 값도 증가합니다.
- a의 절댓값이 커질수록 그래프가 원점에서 멀리 떨어집니다.